彩图1　中华蜜蜂工蜂

彩图2　中华蜜蜂

彩图3　意大利蜂工蜂

彩图4　意大利蜂
［引自吉林（养蜂）综合试验站］

尤方东 摄

彩图5 党参（引自 www.em.ca）

彩图6 枸杞

彩图7 酸枣

彩图8 益母草

彩图9 东方蜜蜂无框定地饲养

彩图10 西方蜜蜂转地放蜂

彩图11 蜂蜡

周传鹏 摄

彩图12 蜂毒

彩图13 蜂王浆

彩图14 野皂荚蜂花粉

彩图15 蜂胶碎片

彩图16 刺槐蜂蜜

高效养殖致富直通车

高效养蜂

主　编　张中印

副主编　郭　媛　戴荣国

参　编　高景林　杨勤宏　腾跃中　许　政

　　　　杨　萌

机械工业出版社

本书归纳总结了养蜂生产中所需要的技术和知识，包括养蜂基本知识、日常操作技术、周年管理措施、蜜蜂良种繁育、蜂病防治技术、养蜂生产、蜜蜂授粉和产品销售等内容，旨在饲养健康蜜蜂，优质高产，最终实现农业增效和农民增收的目的。

本书适合广大养蜂技术人员、蜂场生产管理人员、养蜂专业户阅读，也可供农业院校相关专业师生参考。

图书在版编目（CIP）数据

高效养蜂/张中印主编. —北京：机械工业出版社，2014.1（2018.5 重印）
（高效养殖致富直通车）
ISBN 978-7-111-44796-2

Ⅰ.①高…　Ⅱ.①张…　Ⅲ.①养蜂　Ⅳ.①S89

中国版本图书馆 CIP 数据核字（2013）第 272081 号

机械工业出版社（北京市百万庄大街 22 号　邮政编码 100037）
总 策 划：李俊玲　张敬柱　　　　策划编辑：郎　峰　高　伟
责任编辑：郎　峰　高　伟　周晓伟　版式设计：霍永明
责任校对：王晓峥　　　　　　　　责任印制：杨　曦
北京天时彩色印刷有限公司印刷
2018 年 5 月第 1 版·第 9 次印刷
140mm×203mm·8.5 印张·2 插页·245 千字
标准书号：ISBN 978-7-111-44796-2
定价：25.00 元

序

改革开放以来，我国养殖业发展非常迅速，肉、蛋、奶、鱼等产品产量稳步增加，在提高人民生活水平方面发挥着越来越重要的作用。同时，从事各种养殖业也已成为农民脱贫致富的重要途径。近年来，我国经济的快速发展为养殖业提出了新要求，以市场为导向，从传统的养殖生产经营模式向现代高科技生产经营模式转变，安全、健康、优质、高效和环保已成为养殖业发展的既定方向。

针对我国养殖业发展的迫切需要，机械工业出版社坚持高起点、高质量、高标准的原则，组织全国20多家科研院所的理论水平高、实践经验丰富的专家学者、科研人员及一线技术人员编写了这套"高效养殖致富直通车"丛书，范围涵盖了畜牧、水产及特种经济动物的养殖技术和疾病防治技术等。

丛书应用了大量生产现场图片，形象直观，语言精练、简洁，深入浅出，重点突出，篇幅适中，并面向产业发展需求，密切联系生产实际，吸纳了最新科研成果，使读者能科学、快速地解决养殖过程中遇到的各种难题。丛书表现形式新颖，大部分图书采用双色印刷，设有"提示""注意"等小栏目，配有一些成功养殖的典型案例，突出实用性、可操作性和指导性。

丛书针对性强，性价比高，易学易用，是广大养殖户和相关技术人员、管理人员不可多得的好参谋、好帮手。

祝大家学用相长，读书愉快！

中国农业大学动物科技学院
2014 年 1 月

前言

从殷商时期人们开始利用蜜蜂，至东汉王朝全国已经普遍饲养蜜蜂。进入21世纪，养蜂事业得到飞速发展，养蜂不仅生产营养丰富的蜂蜜等产品，而且养蜂授粉还是现代农业不可缺少的组成部分。农业部相继制定并印发了《全国养蜂业"十二五"发展规划》和《关于加快蜜蜂授粉技术推广促进养蜂业持续健康发展的意见》等纲领性文件，为实现"十二五"饲养1000万群蜂的目标，出台了相关产业政策和科研支撑计划。

遵照国家养蜂发展规划，以及"现代农业蜂产业技术体系建设"的精神，新乡综合试验站联合重庆、延安、儋州、晋中、南宁、山西省农业科学院园艺研究所等兄弟岗、站，归纳总结试验示范中的先进技术和优秀科研成果，撰写了这本融可读性和可操作性于一体、技术体系较为完整的高效养蜂读本，呈现给一线的技术推广者和应用者。其宗旨在于推进养蜂生产标准化、规模化和产业化建设，促进农业增效和农民增收，实现养蜂持续、稳定、健康发展。

本书所用药物及其使用剂量仅供读者参考，不可照搬. 在生产实际中，所用药物学名、常用名和实际商品名称有差异，药物浓度也有所不同，建议读者在使用每一种药物之前，参阅厂家提供的产品说明以确认药物用量、用药方法、用药时间及禁忌等。购买兽药时，执业兽医有责任根据经验和对患病动物的了解决定用药量及选择量佳治疗方案。

本书是"现代农业蜂产业技术体系建设"成果的重要组成部分，在撰写和出版过程中，项目首席科学家吴杰研究员对全书进行了全面审核，岗位专家邵有全研究员、余林生教授、吴黎明研究员等提出了宝贵的修改意见。在此谨向以上单位和个人致以衷心的感谢，对参考过的有关资料和被引用国内外网站的精美图片的作者，也在此一并致以诚挚的谢意。

　　由于作者学识水平和实践经验所限，书中错误和欠妥之处在所难免，恳请读者随时批评指正，以便今后修改、增删，使之日臻完善。

编者

目录

第六章 良种繁育

第七章 蜜蜂保护措施

第八章 蜜蜂授粉技术

第九章　蜂产品生产技术

第一章
认识蜜蜂

第一节 蜜蜂概述

一 蜜蜂的概念

蜜蜂是为人类制造甜蜜的社会性昆虫，也是人类饲养的小型经济动物，它们以群（箱、桶、笼、窝、窖）为单位过着社会性生活。

饲养蜜蜂，可用于生产蜂蜜、蜂蜡、蜂王浆和蜂毒等产品，也用于农作物授粉，增加产量、提高品质。

二 蜂群的组成

蜂群是蜜蜂的社会性集体，为蜜蜂自然生活和蜂场饲养管理的基本单位。一个蜂群通常由 1 只蜂王、数百只雄蜂和数千只乃至数万只工蜂组成（图1-1）。

蜂王 　　　　　雄蜂 　　　　　工蜂

图 1-1　蜜蜂的一家（引自 www.dkimages.com）

蜂王是由受精卵发育而成且生殖器官完全的雌性蜂，具有二倍染色体，在蜂群中专司产卵，是蜜蜂品种种性的载体，以其分泌蜂王物质的多少和产卵数量的大小来控制蜂群。

工蜂是由受精卵发育而成但生殖器官不完全的雌性蜂，具二倍染色体，并且有适应巢内外工作的器官。工蜂是蜂群中个体最小、数量最多的蜜蜂，在繁殖季节，一个强群可拥有 5 万～6 万只工蜂，它们担负着蜂巢内外的主要工作，正常情况下不产卵。

雄蜂是由未受精卵发育长成的雄性蜜蜂，只有单倍染色体。雄蜂在蜂群中的职能是寻求处女蜂王交配和平衡性比关系。它是季节性蜜蜂，仅在蜂群繁殖季节才出现。

蜂群是一个生命体。蜂王是一群之母，其他所有个体都是它的儿女，没有蜂王，蜂群就会慢慢死亡；但蜂王不能哺育蜂儿，也不采集食物，脱离工蜂，它就无法生存。工蜂承担着蜂巢内外的一切工作，但它们不能传宗接代。没有雄蜂，处女蜂王就不能交配，蜂群就不能继续繁殖；但雄蜂除和处女蜂王交配外，不能自食其力，如果脱离了蜂群，它很快就会死亡。

蜂群中所有的雄蜂都是亲兄弟，它们继承了蜂王的遗传特性。由于蜂王在婚飞时与多只雄蜂交配，所以，蜂群中的工蜂既有同母同父姐妹，又有同母异父的姐妹，它们分别继承了蜂王和各自父亲的遗传特性。

三 蜜蜂的巢穴

蜜蜂的巢穴简称蜂巢，是蜜蜂繁衍生息、贮藏食粮的场所，由工蜂泌蜡筑造的 1 片或多片与地面垂直、间隔并列的巢脾构成，巢脾上布满巢房。

1. 蜂巢的特点

（1）野生蜂巢 野生的东方蜜蜂和西方蜜蜂常在树洞、岩洞等黑暗的地方建筑巢穴，通常由 10 余片互相平行、垂直于地面、彼此保持一定距离的巢脾组成，巢脾

图 1-2　蜜蜂筑造在树枝下的蜂巢
（引自 David L. Green）

两面布满正六边形的巢房，每一片巢脾的上缘都附着在洞穴的顶部，蜂巢的形状一般呈半球形（图1-2），有利于保温御寒。

单片巢脾的中下部为育儿区，上方及两侧为贮粉区，贮粉区以外至边缘为贮蜜区。从整个蜂巢看，中下部（蜂巢的中心）为培育蜂儿区，外层（蜂巢的边或壳）为贮食区（图1-3）。

图1-3　小蜜蜂蜂巢（示：蜂房位置）

🡒 【提示】　蜂群如此安置育儿区与贮食区，既有利于保持育儿区恒定的温度和湿度，也便于摄取食物。

（2）人工蜂巢　人工饲养的东方蜜蜂和西方蜜蜂，生活在人们特制的蜂箱内（图1-4），巢房建筑在活动的巢框里，巢脾大小规格一致（图1-5），既适合蜜蜂的生活习性，又便于养蜂生产和管理操作。其他特点同野生的蜂巢。

2. 蜂巢的更新

（1）蜜蜂筑巢　一般由12～18日龄的工蜂吸食蜂蜜，然后经蜡腺转化成蜂蜡液体，并排出到蜡镜上形成蜡鳞（片）。蜜蜂用中足的距（加长加粗的特殊体毛）、后足的爪截取蜡鳞，经前足送到上颚，通过咀嚼并混入上颚腺的分泌物后，把变成海绵状的蜡块有规律地砌成巢房。工蜂巢房和雄蜂巢房呈正六棱柱体，巢房朝房口向上倾斜9°～14°；房底由3个菱形面组成，3个菱形面分别是反面相邻3个巢房底的1/3；房壁是同一面相邻巢房的公用面。由巢房形成巢

图1-4　人工蜂巢——蜂箱

图1-5　巢脾

脾，再由巢脾组成半球形的蜂巢（自然状态）。层层叠叠的巢房，每一排房孔都在同一条直线上，规格如一、洁白、美观，而且这样的结构能最有效地利用空间、最省材料、更坚固（图1-6）。

自然蜂巢，是从顶端附着物部位开始建造，然后向下延伸。人工蜂巢中，蜜蜂密集在人工巢础上造脾。

（2）**巢脾更换**　新巢脾色泽鲜艳、房壁薄、容量大，培育的工蜂个大，且不易滋生病虫害。随着培育蜂儿次数的增加，巢房容积越来越小，颜色

图1-6　新脾巢房

也越来越深，最后成为黑色，由这种巢房育出的蜜蜂个体小，也容易招来病菌。因此，意蜂巢脾2年更换1次，中蜂巢脾则年年更换。

【提示】 从某种意义上讲，蜂巢是蜂群生命体的一部分。巢脾更新越快，其生命力越旺盛。装满花粉的褐色巢脾导热系数仅为1.4，这有助于早春蜜蜂保温。

四 蜜蜂的食物

食物是蜜蜂生存的基本条件之一，充足优质的食物也是养好蜜蜂获得高产的基础。蜜蜂专以花蜜和花粉为食，自然情况下，食物是指蜂蜜和蜂粮，它们来源于蜜粉源植物。另外，蜂乳（蜂王浆）是小幼虫和蜂王必不可少的食物，水是生命活动的物质，西方蜜蜂还采集蜂胶来抑制微生物。

如果蜂群营养充分，蜜蜂就会健康，获得好收成；如果蜂群缺乏营养，蜜蜂就会衰弱，得不到效益。

【提示】 现代养蜂，人们利用白糖、大豆蛋白等全部或部分替代蜂蜜和花粉，降低成本。

1. 糖类化合物

（1）**蜂蜜** 蜂蜜是由工蜂采集花蜜并经过酿造而来的，为蜜蜂生命活动提供能量。蜂蜜（图1-7）中含有180余种物质，其主要成分是果糖和葡萄糖，占总成分的64%~79%；其次是水分，含量约为17%；另外还有蔗糖、麦芽糖、少量多糖及氨基酸、维生素、矿物质、酶类、芳香物质、色素、激素和有机酸等。

图1-7 蜂蜜

培育1kg蜜蜂约需蜂蜜1.14kg，1群蜂1年约需69kg蜂蜜。

（2）**白糖** 白糖是由甘蔗和甜菜榨出的汁液制成的精糖，主要成分为蔗糖，分白砂糖和绵白糖两种，养蜂上常用的是一级白砂糖。

在没有蜜源开花的季节，白糖常作为蜂蜜的替代饲料，转地放蜂，每群蜂每年需要白糖约22.5kg。

> **【提示】** 贮存1年以上、颜色变黄的白糖，往往是受到了螨虫的污染，喂蜂时须把白糖加热至沸，消灭螨虫。

2. 蛋白质食物

（1）蜂粮 蜂粮是由工蜂采集花粉并经过加工形成的，为蜜蜂生长发育提供蛋白质。花粉是蜜蜂食物中蛋白质、脂肪、维生素、矿物质的主要来源，是蜜蜂生长发育的必需品。花粉中含有8%~40%的蛋白质、30%的糖类、20%的脂肪以及多种维生素、

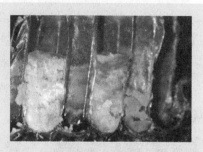

图1-8　大蜜蜂蜂粮
（引自黄智勇）

矿物质、酶与辅酶类、甾醇类、牛磺酸和色素等。培育1kg蜜蜂需花粉约894g，1群蜂1年需花粉约25kg（图1-8）。

（2）蜂王浆 蜂王浆是由工蜂的王浆腺和上颚腺分泌的，为蜂王的食物（图1-9）以及工蜂和雄蜂小幼虫的乳汁（图1-10），通称蜂王浆，其主要成分是蛋白质和水。在蜂王的生长发育和产卵期都必须供应充足的蜂王浆。

> **【提示】** 蜂王吃的蜂王浆以及工蜂和雄蜂小幼虫喝的蜂乳，虽然都是由工蜂王浆腺和上颚腺分泌形成的，并通称蜂王浆，但两者的颜色、成分是有区别的。

（3）大豆 即大豆粉，富含蛋白质，为花粉的配合饲料。在使用时将大豆炒熟、粉碎并过筛，与蜂花粉混合喂蜂，以降低成本，但添加剂量不超过30%。

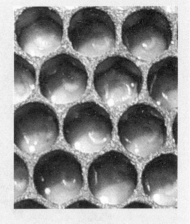

图 1-9　蜂王浆（引自《蜜蜂挂图》）　　　图 1-10　工蜂浆——蜂乳

3. 其他类物质

（1）水分　水分是由工蜂从外界采集获得的，在蜜蜂活动时期，1 群蜂每日需水量约 200g，1 个强群日采水量可达 400g。

（2）蜂胶　蜂胶不是蜜蜂的食物，但却是意蜂群中必不可少的起抗菌作用的物质，是工蜂采集树芽胶加工形成的产品。

> 【提示】　没有水，蜜蜂不能繁殖，喝了污水会生病。

第二节　蜜蜂形态

蜜蜂个体生长发育包括由卵发育到成虫的整个过程，从形态上可划分为卵、幼虫、蛹、成虫四个阶段，其结构和生活形式也各不相同。

一　卵、幼虫和蛹

蜜蜂的卵、幼虫和蛹生活在蜂巢中，平时人们看不到（图 1-11）。

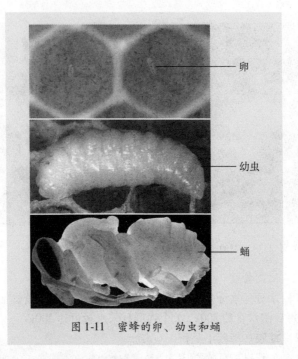

图 1-11　蜜蜂的卵、幼虫和蛹

1. 卵

蜜蜂的卵呈香蕉状，乳白色，略透明；两端钝圆，一端稍粗是头部，朝向房口，另一端稍细是腹末，表面有黏液，黏着于巢房底部。

从蜂王产卵开始到卵孵化，这一时期称为卵期，约 3 天。第 3 天后，孵化出幼虫。

2. 幼虫

从卵孵化到第 5 次蜕皮结束，称为幼虫期。初孵化的幼虫为淡青色，没有足，平卧房底，并被饲料包围。幼虫初呈新月形，渐成 C 形，随着生长，幼虫越来越呈小环状，白色晶亮，长大后则伸向巢房口发展，有一个小头和 13 个分节的体躯。

3. 蛹

从幼虫蜕第 5 次皮开始到蛹壳裂开为止，称为蛹期。蜜蜂蛹期不取食，但幼虫期形成的组织和器官在继续分化和改造，逐渐形成成虫的各种器官。

当成虫在蛹壳内完全形成时，蛹壳裂开，蜜蜂咬破巢房蜡盖羽化出房，经过数天的再发育，体内各器官发育成熟，这就是人们经常见到的蜜蜂。

二 成虫的外部形态

蜜蜂成虫的身体分为头、胸、腹3部分，由多个体节构成（图1-12）。

蜜蜂的体表是一层几丁质外骨骼，构成体形，支撑和保护内脏器官。外骨骼表面密被绒毛，有保温护体作用。绒毛有些是空心的，是感觉器官；有些呈羽状分枝，能黏附花粉粒，是采集花粉的工具之一。

1. 头部

蜜蜂的头部是感觉和摄食的中心，表面着生眼、触角和口器，里面有腺体、脑和神经节等。头和胸由一细且具弹性的膜质颈相连(图1-13)。

图1-12　外部形态
（引自 www.flickr.com）

图1-13　工蜂的头部
（引自 www.greensmiths.com）

1—头部　2—胸部　3—腹部　4—触角
5—复眼　6—翅　7—后足
8—中足　9—前足　10—口器

【说明】　蜂王的头部呈肾脏形，工蜂的头部呈倒三角形，雄蜂的头部近圆形。

9

（1）眼 蜜蜂的眼有复眼和单眼两种。复眼 1 对，位于头部两侧，由许多表面呈正六边形的小眼组成，大而突出，暗褐色，有光泽。蜜蜂复眼视物为嵌像，对快速移动的物体看得清楚，能迅速记住黄、绿、蓝、紫色，对红色是色盲，追击黑色与毛茸茸的东西。单眼 3 个，呈倒三角形排列在两复眼之间与头顶上方。单眼为蜜蜂的第二视觉系统，它对光强度敏感，因此决定了蜜蜂早出晚归。

（2）触角 蜜蜂有 1 对触角，着生于颜面中央触角窝，膝状，由柄、梗、鞭 3 节组成，可自由活动，掌管味觉和嗅觉。

（3）口器 蜜蜂的口器由上唇、上颚和喙等组成，是适于吸吮花蜜和嚼食花粉等的嚼吸式口器（图1-14）。

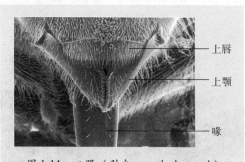

——上唇

——上颚

——喙

图 1-14　口器（引自 www. bath. ac. uk）

2. 胸部

胸部是蜜蜂运动的中心，由前胸、中胸、后胸和并胸腹节组成。并胸腹节由

> **【提示】** 工蜂和蜂王的口器还有自卫的功能。

第一腹节延伸至胸部构成，其后部突然收缩连着腹柄而与腹部相连。胸部 4 节紧密结合，每节都由背板、腹板和两块侧板合围而成。中胸和后胸的背板两侧各有 1 对膜质翅，称为前翅和后翅。前、中、后胸腹板两侧分别着生前足、中足和后足各 1 对。胸部骨板内壁着生发达的肌肉，支持着足、翅的运动。

（1）翅 蜜蜂有 2 对翅，膜质、透明，前翅大于后翅。翅上有翅脉，是翅的支架；翅上还有翅毛（图1-15）。前翅后缘有卷褶，后翅前缘有1列向上的翅勾。静止时，翅水平向后折叠于身体背面；

图 1-15　工蜂的翅（引自 www. usefilm. com）

飞翔时，前翅掠过后翅，前翅卷褶与后翅翅勾搭挂——连锁，以增加飞翔力。

> 【提示】　蜜蜂的翅除飞行外，还能扇动气流和振动发声，调节巢内温度和湿度，传递信息。

（2）足　蜜蜂的足分前足、中足和后足 3 对，都由基节、转节、股节、胫节和跗节组成（图 1-16）。跗节由 5 个小节组成：基部加长扩展近长方形的分节叫基跗节，近端部的分节叫前跗节，其端部具有 1 对爪和 1 个中垫，爪用以抓牢表面粗糙的物体，中垫能分泌黏液附着于光滑物体的表面。足的分节有利于蜜蜂灵活运动。

工蜂足的构造高度特

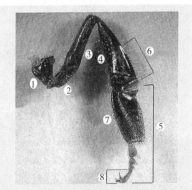

图 1-16　蜜蜂的足
（引自 www. greensmiths. com）
1—基节　2—转节　3—股节
4—胫节　5—跗节　6—花粉篮
7—基跗节　8—前跗节（爪）

化，它既是运动器官，又是采集和携带花粉的工具。后足胫节端部宽扁，外表面光滑而略凹陷，周边着生向内弯曲的长刚毛，相对环抱，下部偏中央处独生 1 支长刚毛，形成一个可携带花粉的装置——花粉篮。工蜂采集到的花粉在此堆集成团，中央刚毛和花粉篮周围的刚毛起固定花粉团的作用。胫节端部有一列硬刺，叫作花粉耙，基跗节基部边缘有一横向的扁状突起部分，叫作耳状突。花粉耙和耳状突可协作把搜刮来的花粉形成花粉团并装入花粉篮内。基跗节内侧具有 9～10排整齐横列的硬毛，叫作花粉梳，用于梳刮附着在身体上的花粉粒等（图 1-17）。意蜂等西方蜜蜂的花粉篮还用于携带蜂胶。

> ❯ 【提示】 蜂王和雄蜂足的采集构造均退化，无采集花粉的能力。

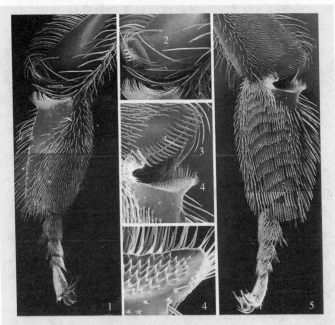

图 1-17　工蜂后足（引自 Snodgrass R. E.，1993）

1—外侧，示花粉篮　2—刚毛
3—花粉耙　4—耳状突　5—内侧，示花粉梳

3. 腹部

蜜蜂腹部由一组环节组成，是内脏活动和生殖的中心（图1-18）。

（1）基本结构 每一可见的腹节都是由1片大的背板和1片较小的腹板组成，其间由侧膜相连；腹节之间由前向后套叠在一起，前后相邻腹节由节间膜连接起来，这样，腹部可以自由地伸缩和弯曲。在蜜蜂腹节背板的两侧各具成对的气门。

（2）附属器官 包括螫针和蜡镜等。

1）螫针是蜜蜂的自卫器官。工蜂的螫针由产卵器特化而成，通常包藏于腹末第7节背板下的螫针腔内。由毒腺、毒囊和螫针杆等组成。螫针杆由1根腹面有沟的刺针和2根上表面有槽、端部有齿的感针组成（图1-19），感针镶嵌于刺针之下，滑动自如，并与刺针组成通道，与毒囊、毒腺相连。在工蜂螫人时，靠感针端部的小齿附着人体，蜜蜂逃跑时将螫针和毒腺与蜂体分离。螫针处的肌肉在交感神经的作用下，还会有节奏地收缩，刺针与感针上下滑动，使螫针越刺越深并继续射毒，直到把毒液全部排出为止。失去螫针的工蜂，不久便死亡。

图1-18 腹部
（引自 www. flickr. com）

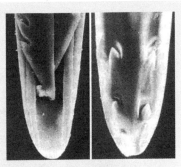

图1-19 螫针的端部
（引自 Snodgrass R. E. 1993）

➡ **【提示】** 蜂王的螫针也是由产卵器特化而成的，它只在与其他蜂王搏斗时才使用。雄蜂没有螫针。

）蜡镜在工蜂的第4~7腹板的前部，即被前一节套叠的部分，各具1对光滑、透明、卵圆形的蜡镜，是承接蜡液凝固成蜡鳞的地方。

三 内部结构与生理

蜜蜂的内部器官位于体腔内，体腔内充满着流动的血液（血淋巴），故又称为血腔。消化道位于体腔的中央，从口到肛门前后贯通；血液循环系统的中心——背血管（心脏和一段动脉），位于腹腔背面的中央。中枢神经系统由头部的脑和位于体腔腹面中央的腹神经索组成。呼吸系统开口于胸部和腹部的两侧。除此以外，蜜蜂的内部构造还包括生殖系统、腺系统、排泄器官等。

蜜蜂腹部的消化道与背血管、腹神经索之间分别由背膈、腹膈隔开，这样将腹腔分隔成3个腔，即背血窦、围脏窦和腹血窦，以便血液分区循环。

1. 消化与排泄生理

（1）消化系统与生理 蜜蜂成虫的消化系统可分为前肠、中肠和后肠3部分。

前肠由口、咽、食道、蜜囊和前胃组成，与花蜜的采集和酿造密切相关的是喙和蜜囊（图1-20）。

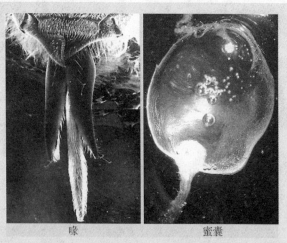

喙　　　　　　　　蜜囊

图1-20　工蜂的采蜜器官（引自 www2. okstate. edu；黄智勇）

中肠呈S形，是蜜蜂消化食物和吸收养分的主要器官，位于腹腔前中部，和后肠分界处着生马氏管。

后肠又由小肠和直肠组成，直肠壁上着生有直肠腺。小肠是弯曲、狭长的管子，在中肠未被消化的食物，经小肠继续消化和吸收后进入直肠。直肠可暂时贮存代谢废物，直肠腺的分泌物可抑制粪便腐烂。

（2）马氏管排泄生理 蜜蜂的排泄系统由马氏管、直肠及部分脂肪体组成，其排泄物主要是食物残渣和代谢废物——尿酸、尿酸盐类等。

中肠和小肠连接处着生有100多条细长的盲管，称为马氏管。这些马氏管彼此相互交错盘曲，深入到腹腔的各个部位，浸浴在血液中。在管壁上着生螺旋状的条纹纤维肌，纤维肌收缩使马氏管扭动，与更多的血液接触，扩大吸收面积。马氏管从血液中吸收尿酸和尿酸盐类等，并将其送入后肠，混入粪便而排出体外。

2. 呼吸结构与生理

蜜蜂的呼吸是将空气中的氧气经不同直径的管道，直接送到需要氧气的器官和组织，其呼吸系统是由气门、气管、微气管、气囊等组成（图1-21）。

（1）呼吸器官的构造

1）气门。气门是气管通向体外的开口，在身体的两侧相对排列，胸部有3对气门，腹部有7对气门。除第3对气门外，其他气门都有控制空气漏出和在气管中流动的装置。

2）气管。气管是与气门相连的具有弹性的管子，成对并对称地在体内呈分枝状分布。从气门到分枝处的一短段气管称为气门气管，它分成 3 支伸向背面、腹面和中央的消化道，分别称为背气管、腹气管和内脏气管。从胸部到腹末，把整个开口于体侧的气管连接贯通的纵向气管叫气管干。蜜蜂腹部的气管干膨大，演变成了气囊。

3) 气囊。气管局部膨大的部分叫气囊，气囊充满空气时呈银白色。气囊壁薄而柔软，富有弹性，其扩张和收缩可加强气管内气体的流通，蜜蜂飞行时，还有增大浮力的作用。

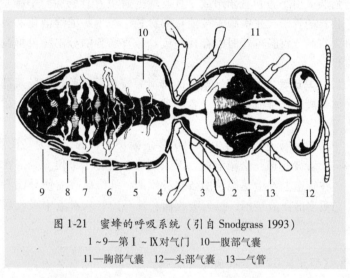

图 1-21　蜜蜂的呼吸系统（引自 Snodgrass 1993）

1~9—第 I ~IX 对气门　10—腹部气囊

11—胸部气囊　12—头部气囊　13—气管

4) 微气管。气管和气囊不断分枝，最终形成管径 1μm 以下的气管，并以封闭的末端分布于各组织器官间。微气管末端充满含饱和氧的液体，这些氧气通过管壁和细胞壁进入细胞内进行代谢。

（2）呼吸的实现　蜜蜂的呼吸运动是靠腹部肌肉的收缩和扩张来实现的。随着腹部有节奏的张缩运动，使气门开合：腹部伸展时，胸部气门张开，腹部气门关闭，腹部收缩时则相反，彼此交错开闭。蜜蜂静止时，主要依靠第 1 对气门呼吸，腹部气门关闭；飞翔时，因糖等的代谢增加，空气由第 1 对气门吸入，由腹部气门排出。

蜜蜂的呼吸，一般每分钟 40~150 次，在静止和低温时较慢，在活动、高温或被激怒时则较快。

3. 生殖系统与生理

蜂王和雄蜂的生殖器官发育完全，工蜂的生殖器官几乎完全退化，正常情况下不能产卵。

（1）蜂王的生殖器官 蜂王的生殖器官由 1 对卵巢、2 条侧输卵管、1 个中输卵管、附性腺和外生殖器等组成。卵巢呈梨形，每个卵巢由 150 条左右的

图 1-22　蜂王的卵巢管
（引自　黄智勇）

卵巢管紧密聚集而成，卵巢管由一连串的卵室和滋养细胞室相间组成（图 1-22）。

卵在卵室内发育，成熟后经过侧输卵管到达中输卵管，中输卵管的后端膨大为阴道，阴道背面有 1 个圆球状的受精囊，是蜂王接受和贮藏精子的地方，由受精囊管与阴道相通，蜂王在此按需要决定卵子受精与否。在受精囊上还有 1 对受精囊腺，会合后与受精囊管的顶端相通。

（2）雄蜂的生殖器官 雄蜂的生殖器官由 1 对睾丸、2 条输精管、1 对贮精囊、1 对黏

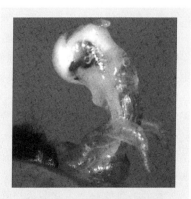

图 1-23　雄蜂外露的阳茎
（引自 http：//beeman. se）

液腺、1条射精管和阳茎组成（图1-23）。睾丸呈扁平的扇状体，内有许多精小管，产生的精子经过一短段细小扭曲的输精管，到达长管状的贮精囊，与处女蜂王交配时，由射精管排出土黄色的精液。

4. 分泌系统与生理

蜜蜂的分泌系统由不同功能的腺体组成，包括外分泌腺（图1-24）和内分泌腺。

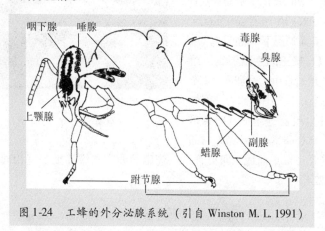

图1-24　工蜂的外分泌腺系统（引自 Winston M. L. 1991）

（1）内分泌腺　内分泌腺无腺管，其分泌物称为激素，被腺体周围的毛细血管吸收，通过血液循环送往身体各处，以调节机体的生长发育、物质代谢和器官活动。蜜蜂的内分泌腺有前胸腺、咽侧体、心侧体和脑神经分泌细胞群（蜜蜂的脑下垂体）等。

（2）外分泌腺　外分泌腺有腺管，分泌物通过导管排出体外。主要有咽下腺（王浆腺）、毒腺、臭腺、上颚腺和蜡腺等。

1）工蜂的舌腺位于头内两侧，为1对葡萄状的腺体，分泌的蜂王浆经过两条中轴导管送到舌端，喂养蜂王和小幼虫，所以，咽下腺又称为王浆腺、营养腺。

2）上颚腺是位于头内上颚上面的一对囊状腺体，开口于上颚基部两侧，其分泌物为信息素。

工蜂的上颚腺分泌王浆酸参与蜂王浆的酿造，主要成分是10-羟基-α-癸烯酸（简式10-HDA）。另外，工蜂上颚腺还能分泌一些软化蜡质或溶解蜂胶的物质。

蜂王上颚腺的分泌物叫蜂王物质，主要成分是反式 9-氧代-2-癸烯酸（简式 9-ODA）、反式 9-羟基-2-癸烯酸（简式 9-HDA）等。一方面，工蜂通过喂养蜂王获得这种物质，并经过工蜂间的相互接触在蜂群中传递，保持蜂群的团结和积极的工作状态；另一方面，通过空气传播，婚飞的处女蜂王引起雄蜂的竞争，分蜂的蜜蜂聚集在蜂王的周围，并形成稳定的蜂团。

【小经验】 优质蜂王或年轻蜂王分泌的蜂王物质多，控制蜂群的能力也强。

3）臭腺又叫纳氏腺，是位于工蜂第 7 腹节背板内部的一个似大细胞带的腺体，腺细胞的分泌物通过微小的导管排入背板基部的囊内，主要成分为萜烯衍生物（如氧合单萜、牻牛儿醇）等芳香物质。工蜂举腹发臭，露出臭腺，散发芳香味，并使劲振翅使气味加速扩散，且发出尖锐响声。处女蜂王婚飞、幼蜂"闹巢"时，工蜂都会在巢门口翘腹振翅释放信息素；在找到适合的蜜源、水源和分蜂时，工蜂会在飞往目标途中和目标处散发信息素，以示引导。因此，臭腺的分泌物又叫引导信息素。

4）毒腺位于螫针的基部，由碱性腺和酸性腺共同组成。酸性腺是产生蜂毒有效成分的地方；碱性腺产生乙酸异戊酯、乙酸正丁酯等物质，类似熟香蕉的气味，从螫针基部排出后立即挥发，由空气传递，向蜂群报警，很快激起蜜蜂的螫刺反应，故称告警信息素。毒囊也位于螫针基部，以接受毒腺分泌物——蜂毒，并由管道通入螫针球。

当工蜂螫刺时，贮藏于毒囊中的毒液由螫针排出，作用于其他生物体产生反应；而分泌出的告警信息素激起其他蜜蜂的攻击行为。

【小资料】 雄蜂无毒腺，蜂王的毒腺和毒囊较发达。

5）蜡腺有 4 对，位于第 4～7 腹板的蜡镜下。工蜂蜡腺分泌的蜡液通过蜡镜的微孔渗出，在蜡镜上凝固成片状的蜡鳞，将其作为筑巢的原料。工蜂泌蜡期过后，蜡腺退化。

蜂王和雄蜂无蜡腺。

5. 循环系统与生理

（1）结构 蜜蜂的循环系统是开放式的，背血管是其主要器官。背血管由前部的动脉和后部的心脏组成，前端开口于头部脑下，后端封闭。心脏是血液循环的搏动器官，由 5 个心室组成，每个心室两侧都有 1 对心门，是血液进入心脏的入口，其边缘向内折入，形成心门瓣，以防止血液倒流。心脏下面与腹部背板两侧的肌肉相连。动脉是引导血液向前流动的简单血管，从心脏的第 1 心室向前延伸入头部，开口于脑下（图 1-25）。

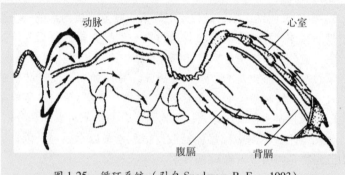

图 1-25 循环系统（引自 Snodgrass R. E.，1993）

（2）循环 心脏扩张，背血窦中的血液经心门吸入心室，借助心脏的搏动，将血液推入动脉，从头部的血管口喷出后向两侧和后方回流；血液流入胸部时，由于腹膈的波状运动，大部分血液流入腹血窦，其中一部分进入足内，背血窦中的一部分血液进入翅；血液经过腹膈的空隙进入围脏窦。循环过程中，血液将营养物等输送到各组织器官，并把机体的代谢物带走；然后，血液在围脏窦接纳胃肠道扩散的营养物质，同时，携带的代谢物经由马氏管吸收后送入后肠。

（3）功能 蜜蜂的血液，也称血淋巴，为蜜蜂的细胞外体液，无色或淡黄色。其功能有：输送营养物质，运走代谢废物；为各器官的运动、卵孵化、幼虫蜕皮提供必要的压力；吞噬细菌和其他微生物，以及死亡细胞和组织残片；凝血作用和运送激素。蜜蜂的血

20

液无红细胞，故没有输氧的功能。

第三节　蜜蜂习性

一　蜜蜂的活动特点

在黑暗的蜂巢里，蜜蜂利用重力感觉器与地磁力来完成筑巢的定位；在外出采集来往飞行中，蜜蜂利用视觉和嗅觉的功能，依靠地形、物体与太阳位置等来定向；而在近处则主要依靠颜色和气味来寻找巢门位置和食物。

晴暖无风的天气，意蜂载重飞行每小时约20km，在逆风条件下常贴地面艰难运动。意蜂的有效活动范围在离巢穴2.5km以内，向上飞行的高度为1km，并可绕过障碍物。中蜂的采集半径约1km。

> 【提示】　在一个狭小的场地住着众多的蜜蜂，若没有明显的标志物，蜜蜂也会迷失方位，蜂场附近的高压线能影响蜜蜂回巢。

一般情况下，蜜蜂在最近的植物上进行采集。在其飞行范围内，如果远处有更丰富、可口的植物泌蜜、散粉的情况下，有些蜜蜂也会舍近求远，去采集该植物的花蜜和花粉，但离蜂巢越远，去采集的蜜蜂就会越少。一天当中，蜜蜂飞行的时间与植物泌蜜时间相吻合，或与蜜蜂交配等活动相适应。

二　食物采集与加工

蜂群生活所需要的营养物质，都是由蜜蜂从外界采集的食物中获得的。

1. 花蜜的采集与酿造

花蜜是植物蜜腺分泌出来的一种甜液，是植物招引蜜蜂和其他昆虫为其异花授粉必不可少的"报酬"。

（1）花蜜的采集　在植物开花时，蜜蜂飞向花朵，降落在能够支撑它的任何方便的部位，根据花的芳香和花蕊的指引找到花蜜和花粉，把喙向前伸出，在其达到的范围内把花蜜吮吸干净

（图1-26）。有时这个工作
需要在空中飞翔时完成。

　　一个6kg重的蜂群，在
泌蜜期投入到采集活动的
工蜂约为总数的1/2；一个
2kg重的蜂群，投入到采集
活动的工蜂所占蜂群比例
约为$\frac{1}{3}$～$\frac{1}{4}$。如果蜂巢中
没有蜂儿可哺育，提前到5
日龄的工蜂也会参与到采
集工作中。在刺槐、油菜、
椴树等主要蜜源开花盛期，
一个意蜂强群1天采蜜量可达5kg以上。

图1-26　采蜜

> ➡ 【小资料】　蜜蜂采1100～1446朵花才能获得1蜜囊花蜜，
> 1只蜜蜂一生能为人类提供0.6g蜂蜜。

　　（2）蜂蜜的酿制　花蜜酿造成蜂蜜，一是要经过糖类的化学转
变；二是要把多余的水分排出。花蜜被蜜蜂吸进蜜囊的同时即混入了
上颚腺的分泌物——转化酶，蔗糖的转化就从此开始。采集蜂归来后，
把蜜汁分给1至数只内勤蜂，内勤蜂接受蜜汁后，找个安静的地方，
头向上，张开上颚，整个喙进行反复伸缩，吐出吸纳蜜珠。20min后，
酿蜜蜂爬进巢房，腹部朝上，将蜜汁涂抹在整个巢房壁上；如果巢房
内已有蜂蜜，酿蜜蜂就将蜜汁直接加入。花蜜中的水分，在酿造过程
中通过扇风来排出。如此5～7天，经过反复酿造和翻倒，蜜汁不断转
化和浓缩，蜂蜜成熟，然后，逐渐被转移至边脾，泌蜡封存。

　　2. 花粉的收集与制作

　　花粉是植物的雄性配子，其个体称为花粉粒，由雄蕊花药产生。
饲喂幼虫和幼蜂所需要的蛋白质、脂肪、矿物质和维生素等，几乎
完全来自花粉。

　　（1）花粉的收集　当花粉粒成熟时，花药裂开，散出花粉。蜜

蜂飞向盛开的鲜花，拥抱花蕊，在花丛中跌打滚爬，用全身的绒毛黏附花粉，然后飞起来用 3 对足将花粉粒收集并堆积在后足花粉篮中，形成球状物——蜂花粉，携带回巢（图 1-27）。

工蜂每次收集花粉约访梨花 84 朵、蒲公英 100 朵，历时 10min 左右，获得 12～29mg 花粉。在油菜花期，一个有 2 万只蜜蜂的蜂群，日采鲜花粉量可达到 2300g，即群日采粉 55000 蜂次以上。1 群蜂 1 年需要消耗花粉 30kg。

（2）蜂粮的制作 蜜蜂携带花粉回巢后，将花粉团卸载到靠近育虫圈的巢（花粉）房中，不久内勤蜂钻进花粉房中，将花粉嚼碎夯实，并吐蜜湿润。在蜜蜂唾液和天然乳酸菌的作用下，花粉变成蜂粮（图 1-28）。巢房中的蜂粮贮存至 7 成左右，蜜蜂添加 1 层蜂蜜，最后用蜡封存，以便长期保存。

图 1-27　采粉　　　　　　图 1-28　蜂粮

三 蜜蜂的语言信息

蜜蜂的社会性生活方式，要求其成员间有效地进行信息传递。它们通过感觉器官、神经系统接受外界和体内各种理化刺激，按固定程序机械性地产生一系列行为反应，整个蜂群中的蜜蜂内外协调，共同完成采集、繁殖、分蜂、抗御敌害与严寒，使蜜蜂种群得以生存和繁衍。

1. 本能与反射

本能与反射是适应性反应，一般由内分泌激素来调节。如蜂王产卵、工蜂筑巢、采酿蜂蜜和蜂粮、饲喂幼虫等都是本能表现。蜜蜂受到刺激会产生反射活动，如遇敌蜇刺、闻烟吸蜜，用浸花糖浆喂蜂后，蜜蜂就倾向探访有该花香气的花朵。

本能与无条件反射都是蜜蜂族系在长期自然选择过程中所习得的适应性反应，永不消失；条件反射是蜜蜂个体在生活中临时获得的，得之易、失之也快。

2. 信息外激素

信息外激素是蜜蜂外分泌腺体向体外分泌的多种化学通信物质，这些物质借助蜜蜂的接触、饲料传递或空气传播，作用于同种的其他个体，引起特定的行为或生理反应。主要有蜂王信息素、蜂子信息素、蜂蜡信息素和工蜂臭腺素等。

（1）蜂子信息素　由蜜蜂幼虫和蛹分泌散布，主要成分是脂肪族酯和1，2-二油酸-3-棕榈酸甘油酯等，作为雄、雌区别的信息，刺激工蜂积极工作。

（2）蜂蜡信息素　由新造巢脾散发出的挥发物，促进工蜂积极工作。

（3）蜂王信息素　由蜂王上颚腺分泌，通过侍卫工蜂传播，起到团结蜂群和抑制工蜂卵巢发育的作用。

> 🔹**【提示】**　在植物开花泌蜜期，蜂王年轻、蜂巢内有适量幼虫、积极造脾会增加蜂蜜产量。

（4）工蜂臭腺素　当蜜蜂受到威胁时，就高翘腹部，伸出螫针向来犯者示威，同时露出臭腺，扇动翅膀，将携带密码的香气报告给伙伴，于是，群起攻击来犯之敌。

3. 蜜蜂的舞蹈

蜜蜂在巢脾上用有规律的跑步和扭动腹部来传递信息进行交流（图1-29），类似人的"哑语"或"旗语"。

图1-29　蜜蜂的舞蹈
（引自《BIOLOGY》-
Life on Earth，THIRD）

（1）圆舞 蜜蜂在巢脾上快速左右转圈，向跟随它的同伴展示丰美的食物就在附近。

（2）8字舞 蜜蜂在巢脾上沿直线快速摆动腹部跑步，然后转半圆回到起点，再沿这条直线小径重复舞动跑步，并向另一边转半圆回到起点，如此快速转8字形圈，向跟随它的同伴诉说甜蜜还在远方，鲜花在它的头和太阳连线与竖直线交角相对应的方向上。于是，群芳麇至，将食物搬运回家。

食物越丰富、适口（甜度与气味）、距离越近，舞蹈蜂就越多、跳舞就越积极、单位时间内直跑次数就越多（表1-1）。

表1-1　蜜蜂摆尾舞直跑次数与距离的关系

距离/m	每15s直跑次数
100	9～10
600	7
1 000	4
6 000	2

当一个新的蜜蜂王国诞生（分蜂）时，蜜蜂通过舞蹈比赛来确定未来的家园。

4. 蜜蜂的声音

蜂声是蜜蜂的有声语言，如蜜蜂跳分蜂舞时的呼呼声，似分蜂出发的动员令，"呼声"发出，蜜蜂便倾巢而出。蜜蜂围困蜂王时，发出一种快速、连续、刺耳的吱吱声，工蜂闻之，就会从四面八方快速向"吱吱"声音处爬行集中，使围困蜂王的蜂球越结越大，直到把蜂王闷死。当蜂王丢失时，工蜂会发出悲伤的、无希望的哀鸣声。中蜂受到惊扰或胡蜂进攻时，在原地集体快速振动身体，发出唰唰的、整齐划一的蜂声，向来犯之敌示威和恐吓。

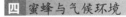 **四　蜜蜂与气候环境**

1. 温度

蜜蜂属于变温动物，其个体体温接近气温，随所处环境温度的变化而发生相应的改变。例如，工蜂个体安全活动的最低临界温度，中蜂为10℃，意蜂为13℃；工蜂活动最适气温为15～25℃，蜂王和

第一章　认识蜜蜂

雄蜂最适飞翔气温在20℃以上。

蜂群对环境有较强的适应能力，其巢穴温度相对稳定。蜂群在繁殖期，育虫区的温度在34～35℃，中壮年和老年工蜂散布在周边较低温度区域；在越冬断子期，蜂团外围的温度在6～10℃，蜂团中心的温度在14～24℃。具有一定群势和充足饲料的蜂群，在零下40℃的低温下能够安全越冬，在最高气温达到45℃左右时还可以生存。但是，蜜蜂在恶劣环境下生活要付出很多。为蜂群创造适宜的环境，他们会给人们带来意想不到的收获。

> ● 【提示】 人对蜂巢温度的影响主要有蜂箱的遮阳、运输蜂群、保暖处置、生产花粉、饲喂糖浆等。

蜂群在整个生存周期内，都是以蜂团的方式度过的，冷时蜂团收缩，热时蜂团疏散，这在野生的东、西方蜜蜂种群的半球形蜂巢中更为明显（图1-30）。

春季温暖，蜂团散开　　　　　　　　秋季寒冷，蜂团收缩

图1-30　蜂群对温度的适应（引自 www. invasive. org 等）

> ● 【提示】 半球形的蜂巢有利于蜜蜂团结和保温，热时散开，冷时挤在一起。

（1）应对炎夏　蜂巢温度超过蜂群正常生活温度时，蜜蜂常以疏散、静止、扇风、洒水和离巢等方式来降低巢温，长时间高温，蜂王会减少产卵量以减轻工蜂负担，在不能忍受长期高温的情况下会飞逃，例如大蜜蜂因气温和蜜源等因素在平原和山区有来回迁移的习性（图1-31）。

（2）抵御严寒 蜂巢温度降到蜂群正常生活温度以下时，蜜蜂通过密集、缩小巢门、加强新陈代谢等方式升高巢温（图1-32）。在冬季外界气温接近6～8℃时，蜂群就结成外紧内松的蜂团，内部的蜜蜂比较松散，它们产生的热量向蜂团外层传输，用以维持蜂团外层蜜蜂的温度。蜂团外层由3～4层蜜蜂组成，它们相互紧靠，利用不易散热的周身绒毛形成保温"外壳"。"外壳"里的蜜蜂在得不到足够的温度被冻死时，就被其他蜜蜂替代。一般蜂团表面的温度保持在6～10℃，中心温度为14～24℃。

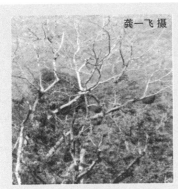

图1-31 酷暑中的蜜蜂 　　　　　图1-32 冰雪中的蜜蜂

在养蜂生产实践中，高温会缩短成年蜜蜂的寿命，影响采集活动，增加饲料消耗，甚至使巢脾坠毁，给蜂群造成灾难性的后果。而长期低温，同样会增加饲料消耗，影响生产和繁殖。因此，蜂场周围的气温应尽可能适合蜜蜂的正常生活。

2. 其他气候因素

（1）光 光对蜜蜂的影响主要决定于光的性质、强度和光周期。光是一种电磁波。蜜蜂的感光区在310～650nm，能够看到紫外光，而对红光为色盲。在红光下处置蜂群，可以减少蜜蜂骚动。

光照强度主要影响蜜蜂的活动和行为。比如早春，把蜂群放在向阳处，而在夏季，蜂群应放在较阴凉处。蜜蜂夜间有趋光性，白天适当的光照强度能刺激工蜂勤奋地工作，提高蜂群的抗逆力。

四季光照周期长短与蜂群分蜂周期有密切的关系，如在河南省生存的中蜂，自然分蜂季节多在5月份和8月份。

（2）湿度　蜜蜂通过采集水、食物和新陈代谢提高蜂巢湿度，采取扇风来降低湿度。在一个健康繁殖的蜂群内，巢穴中的相对湿度在75%～90%之间，在湿度为95%时蜂王的初生重和吻长都比低湿度条件下有所增加。

> 【提示】　蜜蜂室内越冬时要求越冬室内的相对湿度为75%～80%。在蜜源泌蜜期，蜂巢内的相对湿度在54%～66%，强群则保持在55%。干旱年份，对蜜蜂采集枣花蜜极为不利；晴朗的天气，蜜蜂在早上10点以前湿度大的时间段内才能采到较多的荷花或玉米花粉；而早春阴雨连绵，则易引起蜜蜂爬蜂病。

（3）降水　降水可以改变湿度，从而影响蜜源植物的生长和泌蜜。例如在云南野坝子花期，丰年里，雨季早（4～5月），年降雨集中在6～9月、800mm以上；若降雨推迟、年降雨量在600mm以下，一般为野坝子蜜歉收年。在辉县的荆条花期，干旱年份下一场雨，则可生产1～2次荆花蜂蜜，有人说"下雨就是下蜜"。

连绵的梅雨，加上气温低，蜂群易患欧洲幼虫病、孢子虫病及下痢等疾病。

（4）风　风是最普遍的大气运动形式，它主要影响蜜蜂的活动。为了避免蜜蜂在大于3级风力的天气出巢所造成的损失，根据季风方向，把蜂群放在离蜜源较近的地方或林子中蜂路宽阔的地方，并使蜜蜂逆风而去，顺风满载而归。

另外，风会造成蜜蜂偏群和影响蜜源植物泌蜜。在风口处的蜂场，蜂群繁殖将受到巨大影响。例如，在河南信阳地区，黄沙天气，能使紫云英花泌蜜突然终止，此时，如不及时转移蜂场，将面临着爬蜂垮场的危险。而在枣花期，刮南风泌蜜好，刮东北风则泌蜜差。

在实践中，长年积累气象（降水和温度）资料，利用气候生态图可以帮助人们了解每个季节蜜源泌蜜和蜜蜂采集活动的规律，预测蜜源生产潜力，是制订养蜂生产计划的重要依据。

五　蜜蜂的个体活动

1. 蜜蜂个体生命特征

在蜂群中，蜜蜂个体一生经过卵、幼虫、蛹和成虫4个阶段，前3个阶段生活在蜂巢中，成虫则穿行于蜂巢和鲜花之间（图1-33）。

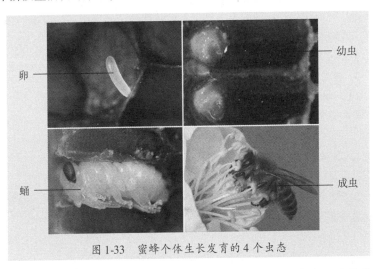

图1-33　蜜蜂个体生长发育的4个虫态

在蜂群中，蜂王、工蜂和雄蜂的生长发育时间和寿命，受品种、食物等影响而存在差异（表1-2）。

表1-2　中蜂和意蜂发育、生活历期　　（单位：天）

型别	蜂种	卵	未封盖幼虫期	封盖期	羽化日	成虫期
蜂王	中蜂		5	8	16	1080～1800
	意蜂					
工蜂	中蜂	3	6	11	20	28～240
	意蜂			12	21	
雄蜂	中蜂		7	13	23	平均20
	意蜂			14	24	

2. 蜜蜂个体性别决定因素

蜂王在工蜂房和王台基内产下的受精卵，是含有32个染色体的合子，经过生长发育成为雌性蜂；由雌性蜜蜂产的未受精卵，其细胞核中仅有 16 个染色体，只能发育成雄蜂（图 1-34）。

蜂群中工蜂和蜂王这两种雌性蜂，在形态结构、职能和行为等方面存在差异，主要表现在：工蜂具有采集食物和分泌蜂蜡、制造蜂王浆等的工作器官，但生殖器官退化；蜂王不具有采集食物的构造，无分泌蜂蜡、制造蜂王浆等的特殊构造，但生殖器官发达，体大，专司产卵。两者发育历期不同，寿命差异很大。造成工蜂和蜂王差异的原因是食物和出生地，工蜂出生于口斜向上、呈正六棱柱体的工蜂房中，幼虫在最初的 3 天中吃蜂王浆，以后吃蜂粮；而蜂王成长于口向下、呈圆坛形的王台中，幼虫及成年蜂王一直吃的是蜂王浆。

3. 蜜蜂个体生命活动

（1）蜂王

1）蜂王的产生。在每年蜜源丰盛季节，蜂群培育新的蜂王，准备分蜂，或替换衰老的蜂王。处女蜂王羽化出来后，约 8~9 天性成熟，处于青春期的处女蜂王在晴暖天气出巢婚飞，与一簇雄蜂竞争者中的胜者交配，交配 2~3 天后产卵，产卵后除非分蜂，便一直生活在蜂巢中。

2）蜂王的职能。蜂王的主要职能就是产卵，从早春到秋末，不分昼夜地在巢脾上巡行，产下一个又一个的卵，而工蜂则将其环绕其中，时刻准备着用营养丰富的蜂王浆饲喂蜂王（图 1-35）。意蜂王每昼夜产卵

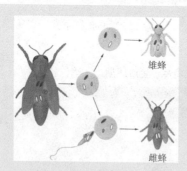

图 1-34　蜜蜂性别
（引自《BIOLOGY》-The Unity ana
Diversity of Life，EIGHTH）

图 1-35　蜂王和围绕其周的工蜂

可达 1 800 粒，超过自身的体重。中蜂王每昼夜产卵 900 粒左右。当外界花儿逐渐消失，它也会节制生育，并在冬天停止产卵。

> **【提示】** 在现代养蜂生产管理中，为获取最好的经济效益，须根据天气、花期、蜂群状态和管理目的控制蜂王产卵，搞好蜂王计划生育——将蜂王关在牢笼里。

其次，蜂王是品种种性的载体，对蜂群中个体的形态、生物学特性、生产性能、抗逆能力等都有直接的影响；它还通过释放蜂王物质和产生足够数量的卵来维持蜂群正常的生活秩序，从而达到控制群体的作用。没有蜂王的蜂群，工蜂不安静、采集力下降，最终导致群体消亡。

3）蜂王的寿命。自然情况下为 3～5 年，其产卵最盛期是开始的 1～1.5 年，1.5 年后，产卵量逐渐下降。

> **【提示】** 在养蜂生产中，常使用 1～2 年的蜂王，中蜂蜂王衰老更快，应年年更换。而在炎热的、蜂群没有断子期的地区，需要一年更换 2 次蜂王，以此保持蜂群的繁荣昌盛。

（2）工蜂

1）工蜂的产生。每年春暖花开，蜂王产卵首先繁殖工蜂，并将越冬工蜂逐渐更新，替补工蜂又被后来绵绵不断出生的工蜂轮换，生命不息。

2）工蜂的职能。工蜂是性器官发育不完全的雌性蜂，担负着蜂巢内外的一切工作，根据日龄的大小、蜂群的需要以及环境

图 1-36 守门蜜蜂张牙舞爪
（引自 Honeybee – upload. wikimedia. org）

的变化而变更着各自的"工种"。这些工种有：孵卵、打扫巢房、哺育小幼虫和蜂王、泌蜡筑巢、采酿花蜜和蜂粮、守卫蜂巢（图 1-36）

等等。在刺槐等主要蜜源开花期，如果巢内只有极少量的蜂儿可哺育，5日龄的工蜂也参加采酿蜂蜜活动；在早春越冬工蜂王浆腺发育哺育蜂儿。连续生产花粉的蜂群，采粉的工蜂相对就多。

此外，体态轻盈、浑身长满绒毛的蜜蜂身上，可黏附4万~5万粒植物的花粉，在采蜜时帮助雌蕊找到合适的"对象"而授粉。蜜蜂是农作物最理想的授粉昆虫，其授粉增产的价值，比其产品的总和高10倍以上。

3）工蜂的寿命。在蜜蜂短暂的一生中，繁重的采集和泌浆工作，使其寿命在春季约35天，在夏季和秋季只有28天左右，而在没有幼虫哺育的情况下，春、夏、秋季其寿命可达到60天，冬季180天。

> **【小资料】** 大连市利用蜜蜂为苹果授粉，仅1976~1978年三年间，苹果增产5万t，收入增加了1200万元，每年平均节省辅助授粉劳动力100万人次，且比人工授粉效果更好。

（3）雄蜂

1）雄蜂的产生。雄蜂是季节性蜜蜂，为蜂群中的雄性公民。在春暖花开、蜂群强壮时，蜂王在雄蜂房中产下未受精卵，以后它就发育成雄蜂。

2）雄蜂的职能。它们在晴暖的午后，飞离蜂巢，只有少数雄蜂找到处女蜂王交配，履行自己授精的职责，然后死去。绝大多数没有交配机会的雄蜂，却留得生命回巢，或飞到别的"蜜蜂王国"旅游去了。雄蜂的天职就是交配授精，平衡蜂群中的性比关系，平日里饱食终日，无所事事。

图1-37 把雄蜂赶出家门
（引自 www. mondoapi. it）

3）雄蜂的寿命。雄蜂既没有螫针，也没有采集食物的构造，不能自食其力。在蜂群活动季节，其寿命约20天，一到秋末，这些已无用处的雄蜂，就会被工蜂驱逐出去，了此一生（图1-37）。

六 蜜蜂的群体生活

蜂群随蜜源、气候变化处在一个动态的平衡中。在我国2月前后已有花开，3～10月蜜源丰富，蜂群繁荣昌盛；11月至第二年1月蜜源稀少或断绝，蜂群越冬。

1. 蜂群的周年生活

在同一地区，每个蜂群都受气候和蜜源的影响，其周年生活可分为繁殖和断子等阶段。

（1）繁殖阶段 从早春蜂王产卵开始，到秋末蜂王停卵结束，蜂群中卵、幼虫、蛹和蜜蜂共存，巢温稳定在34～35℃。

一般情况下，5脾蜂开始繁殖，蜂群的生长规律见图1-38。从a→b约21天，老蜂不断死亡，没有新蜂出生，蜂群群势下降；从b→c约10天，老蜂继续死亡，新蜂开始羽化，蜂群群势还在下降，到达c点，蜂群群势下降到全年最低点；从c→d约10天，新蜂出生数量超过老蜂死亡数量，群势逐渐恢复，到达d点，群势恢复到开始繁殖时的大小；从d→e约30天，群势逐渐上升，到e点达到全年最大群势，并开始了蜂蜜、花粉、蜂王浆和蜂毒的生产。从e→f约120天，群势比较平衡，是分蜂和蜂产品生产的主要时期。从f→g约1个月，我国北方蜂群群势下降，生产停止，这一时期繁殖越冬蜂，喂越冬饲料，准备蜂群越冬；从g→a约135天，北方蜂群越冬。从f→h约60天，南方蜂群还在生产茶花粉和蜂王浆，从h→a约75天，南方蜂群越冬。

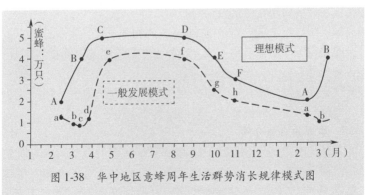

图1-38 华中地区意蜂周年生活群势消长规律模式图

在蜂群繁殖过程中，1只越冬的蜜蜂在春天仅能养活1只蜜蜂，春天新出生的1只蜜蜂则能养活4只蜜蜂。1脾子春天羽化出 2.5~3 脾蜜蜂、夏天羽化出 1.5 脾蜜蜂、秋天则羽化出 1 脾蜜蜂。

在理想的养蜂模式中，蜂群从 2 万只蜜蜂开始繁殖，不经过下降、恢复等阶段，新蜂出生就进入上升时期，即从 A→B→C→D→E→F→A，全年生产周期增长，从 3 月到 11 月长达 8 个月，增加了产量。而华北地区从 4 月到 8 月底，全年仅 5 个月的生产时间。

在主要蜜源植物开花泌蜜期，一个强群 1 天就可采到数千克花蜜，同时可进行取浆、脱粉和造脾等生产活动。在正常情况下，强群的工蜂无论在任何季节都比弱群的工蜂寿命长，抗逆力强，节省饲料，采集能力强，繁殖期恢复发展快，能充分利用早春和秋季蜜源。

> ◆ 【提示】 群势大小可以通过技术措施改变，1 个蜂群如果管理得当，弱群就可以变成强群，如果管理不善，强群则被拖垮成弱群。在相同季节和环境条件下，饲料优质充足、蜂群群势强盛，则出生的蜜蜂个大、体壮、寿命长。

（2）断子阶段 当外界蜜源断绝，天气长时间处于低温或高温状态时，蜂王停止产卵，群势不断下降，蜜蜂处于半冬眠或静止状态，这是蜂群周年生活最困难的时期。

越冬期南短北长，如在河南越冬期约 4~5 个月，浙江约 2 个月，而在我国海南没有越冬期。蜂群越冬期除吃蜜活动提高巢温外，不再有其他工作。

度夏期仅发生在江、浙以南夏季没有蜜源的地区，约持续 2 个月，蜜蜂只有采水降温活动。蜂群度夏难于越冬。

2. 蜂群的自然分蜂

自然情况下，当群强、子旺时，工蜂建造王台基，蜂王向王台基中产卵，王台封盖以后至新蜂王羽化之前，老蜂王连同大半数的工蜂结队离开老巢；另建蜂巢生活；原群留下的蜜蜂和所有蜂儿，待新王出房后，又形成一群，这个过程就叫自然分蜂，是蜂群的繁殖方式，是蜜蜂社会化生活的本能表现。

（1）老蜂群（王）重建家园 晴朗天气的 10 ~ 15 点，侦察蜂在巢脾上即时奔跑舞蹈，发出分蜂信号，准备分蜂的蜜蜂异常兴奋，吃喝蜂蜜，之后匆

图 1-39 分蜂团
（引自 黄智勇）

忙冲出巢门，先是在巢门前做低空盘旋，接着出巢蜂越来越多，蜂王爬出巢门飞向空中，接着大队蜜蜂如决堤之水，蜂拥而出。它们在蜂场上空盘旋，跳着浩大的分蜂群舞，发出的嗡嗡声响彻整个蜂场，形成蜂群繁殖的大合唱。不一会儿，分出的蜜蜂便在附近的树杈或其他适合的地方聚集成分蜂团（图 1-39）。

通常分蜂团会停留 2 ~ 3h，其间，侦察蜂在分蜂团表面卖力地表演舞蹈，向追随者诉说新巢穴的方向和距离，通过舞蹈比赛，得到更多蜜蜂的认同。然后，蜂群结队随侦察蜂投奔新巢穴，吃饱喝足的蜜蜂在低空形成一朵有生命的"蜂云"缓慢前进。蜜蜂飞抵新巢穴，一部分工蜂高翘腹部，发出臭味招引同伴，随着蜂王的进入，蜜蜂便像雨点一样降落下来，涌进巢门。进住新巢穴后，工蜂即开始泌蜡造脾，采集蜂群生活所需要的食粮。一个生机勃勃的新的蜜蜂王国诞生，新的团体生活从此开始。

（2）新蜜蜂王国的诞生 约有一半的工蜂跟随老蜂王迁居新址，剩下的工蜂悉心守卫着孕育未来王后的皇宫（王台），耐心地等待新蜂王的诞生，并期待着新蜂王加冕成功。在老蜂王飞离原来蜂巢 1 ~ 3 天，处女王羽化出房，在以后的 5 ~ 12 天中，处女蜂王飞出蜂巢交配，并于交配 2 ~ 3 天后产卵。从老蜂王飞离家园到新蜂王交配产卵，一个新生命的诞生才算完成。

> ➡ 【提示】 在自然分蜂酝酿过程中，工蜂怠工，蜂王产卵减少，分蜂还削弱了群势，这些都会影响生产，分出的蜜蜂有时还会丢失。在饲养管理中，尽量避免自然分蜂的发生。

中蜂比意蜂爱分蜂。蜂王质量好（产生的蜂王物质多、产的卵多）和工蜂负担重时不易发生分蜂，反之则易发生自然分蜂。

第四节　蜜蜂资源

一　蜜蜂的品种及特征

1. 蜜蜂种类与特征

蜜蜂在分类学上属于节肢动物门、昆虫纲、膜翅目、蜜蜂科、蜜蜂属。属下有 9 个种，根据进化程度和酶谱分析，以西方蜜蜂最为高级，东方蜜蜂次之，黑小蜜蜂最低。

蜜蜂属的特点是：由蜂王、雄蜂和工蜂组成蜂群，社会分工明确。蜂王专司产卵，雄蜂专司交配，工蜂专司劳动。工蜂泌蜡建造六棱柱体巢房构成巢脾，由巢脾组成蜂巢。通过信息物质和舞蹈进行信息交流，以花蜜和花粉为食。

2. 野生蜜蜂的品种

除东方蜜蜂和西方蜜蜂外，其他都是野生种群。

沙巴蜂多数野生（图 1-40），少数用椰筒饲养，小蜜蜂、黑小蜜蜂、大蜜蜂和黑大蜜蜂都处于野生状态，是宝贵的蜂种资源，除被人

图 1-40　沙巴蜂（M. Ono 1992）

类猎取一定数量的蜂蜜和蜂蜡外，对植物授粉、维持生态平衡具有重要贡献。野生蜜蜂的护脾能力强，在蜜源丰富季节，性情温顺，蜜源缺少时期，性情凶暴。为适应环境和生存有来回迁移的习性，

其生存概况见表1-3。

表1-3 主要野生蜜蜂种群概况

	小蜜蜂	黑小蜜蜂	大蜜蜂	黑大蜜蜂	沙巴蜂
俗名		小草蜂	排蜂	雪山蜜蜂及岩蜂	红色蜜蜂
分布	云南境内北纬26°40′以南，广西南部的龙州、上思	云南西南部	云南南部、金沙江河谷和海南岛、广西南部	喜马拉雅山脉、横断山脉地区和怒江、澜沧江流域，包括我国云南西南部和东南部、西藏南部	加里曼丹岛和斯里兰卡
习性	栖息在海拔1900m以下的草丛或灌木丛中，露天筑造单一巢脾的蜂巢，总面积225~900cm²，群势可达万只蜜蜂	生活在海拔1000米以下的小乔木上，露天筑造单一巢脾的蜂巢，总面积177~334cm²	露天筑造单一巢脾的蜂巢，在树上或悬崖下常数群或数十群相邻筑巢，形成群落聚居。巢脾长0.5~1.0m，宽约0.3~0.7m	在海拔1000~3500m范围内活动，露天筑造单一巢脾的蜂巢，附于悬岩。巢脾长0.8~1.5m，宽0.5~0.95m。常多群在一处筑巢，形成群落。攻击性强	
价值	猎取蜂蜜1kg，可用于授粉	割脾取蜜，每群每次获蜜0.5kg，每年采收2~3次。是热带经济作物的重要授粉昆虫	是砂仁、向日葵、油菜等作物和药材的重要授粉者。每年每群可获取蜜25~40kg和一批蜂蜡	每年秋末冬初，每群可猎取蜂蜜20~40kg和大量蜂蜡。是多种植物的授粉者	

3. 驯养的蜜蜂品种

我国主要饲养的蜂种有中华蜜蜂和意大利蜂，其次是卡尼鄂拉蜂和高加索蜂。另外，经过人工选育，还形成了东北黑蜂、新疆黑蜂和浙江浆蜂等地方品种。

(1) 中华蜜蜂 中华蜜蜂原产地中国，简称中蜂，以定地饲养为主，有活框饲养的，也有桶养和窖养的。

1）形态特征。体型中等，工蜂体长 9.5～13mm，在热带、亚热带其腹部以黄色为主，温带或高寒山区的品种多为黑色（彩图 1）。蜂王体色有黑色和棕色两种（彩图 2），雄蜂体黑色。

2）生活习性。野生状态下，蜂群栖息在岩洞、树洞等隐蔽场所，复脾穴居。雄蜂巢房封盖像斗笠，中央有 1 个小孔，暴露出茧衣。蜂王每昼夜产卵 900 粒左右，群势在 1.5 万～3.5 万只，产卵有规律，饲料消耗少。工蜂采集半径为 1～2km，飞行敏捷。工蜂在巢穴口扇风头向外，把风鼓进蜂巢。嗅觉灵敏，早出晚归，每天采集时间比意蜂多 1～3h，比较稳产。个体耐寒力强，能采集冬季蜜源，如南方冬季的野桂花、枇杷花等。蜜房封盖为干性。

中蜂分蜂性强，多数不易维持大群，常因环境差、缺饲料和被病敌危害而举群迁徙。抗大蜂螨、小蜂螨、白垩病和美洲幼虫病，易被蜡螟危害，在春秋易感染囊状幼虫病。不采胶。

3）分布。主要生活在山区和中国南方。根据《全国养蜂业“十二五”发展规划》，到 2015 年饲养中蜂数量将达到 350 万群。

4）经济价值。每群每年可采蜜 10～50kg，蜂蜡 350g，以生产蜂蜜为主、蜂蜡为辅，授粉效果显著。

(2) 意大利蜂 意大利蜂原产地为地中海中部意大利的亚平宁半岛，属黄色蜂种，简称意蜂。意蜂适宜生活在冬季短暂、温和、潮湿而夏季炎热、蜜源植物丰富且泌蜜长的地区。活框饲养，适于追花夺蜜，突击利用南北四季蜜源。

1）形态特征。工蜂体长 12～13mm，毛色淡黄（彩图 3）。蜂王颜色为橘黄至淡棕色（彩图 4）。雄蜂腹部背板颜色为金黄有黑斑，其毛色为淡黄。

2）生活习性。意蜂性情温和，不怕光。蜂王每昼夜产卵 1 800

粒左右，子脾面积大。雄蜂封盖似馒头状。春季育虫早，夏季群势强。善于采集持续时间长的大蜜源，在蜜源条件差时，易出现食物短缺现象。泌蜡力强，造脾快。泌浆能力强，善采集、贮存大量花粉。蜜房封盖为中间型，蜜盖洁白。分蜂性弱，易维持大群。盗力强，卫巢力也强。耐寒性一般，以强群的形式越冬，越冬饲料消耗大。工蜂采集半径为 2.5km，在巢穴口扇风头朝内，把蜂巢内的空气抽出来。具采胶性能。在我国意蜂常见的疾病有美洲幼虫腐臭病、欧洲幼虫腐臭病、白垩病、孢子虫病、麻痹病等，抗螨力差。

3）分布。我国广泛饲养，约占西方蜜蜂饲养量的 80%。根据《全国养蜂业"十二五"发展规划》，到 2015 年饲养西（意）蜂数量将达到 650 万群。

4）经济价值。在刺槐、椴树、荆条、油菜、荔枝、枣树、紫云英等主要蜜源花期中，1 个生产群日采蜜 5kg 左右，1 个花期采蜜超过 50kg，全年生产蜂蜜可达 150kg。经过选育的优良品系，一个强群 3 天（1 个产浆周期）生产蜂王浆超过 300g，年群产浆量 12kg；在优良的粉源场地，一个管理得当的蜂场，群日收集花粉高达 2300g。另外，意蜂还适合生产蜂胶、蜂蜡、蜂蛹以及蜂毒等。

 【提示】 意蜂是主要农作物区主要的授粉昆虫。

（3）卡尼鄂拉蜂 卡尼鄂拉蜂简称卡蜂，原产于阿尔卑斯山南部和巴尔干半岛北部的多瑙河流域，适宜生活在冬季严寒而漫长、春季短而花期早、夏季不太热的自然环境中。

1）形态特征。卡蜂腹部细长，几丁质为黑色。工蜂绒毛为灰至棕灰色。蜂王腹部背板为棕色，背板后缘有黄色带。雄蜂为黑色或灰褐色。

2）生活习性。卡蜂性情温和，不怕光，提出巢脾时蜜蜂安静。春季群势发展快，夏季高温繁殖差，秋季繁殖下降快，冬季群势小。善于采集春季和初夏的早期蜜源，能利用零星蜜源，节省饲料。泌蜡能力一般，蜜房封盖为干型，蜜盖白色。分蜂性强，不易维持大群。抗螨力弱，抗病力与意蜂相似。

3）分布。我国约有 10% 的蜂群为卡蜂，转地饲养。

4）经济价值。卡蜂蜂蜜产量高，但蜂王浆产量低。

二　蜜蜂的近亲

1. 熊蜂

（1）形态特征　熊蜂体粗壮，中型到大型，全身密被黑色、黄色、白色等色泽的长体毛。杂食性，喙长，口器发达，中唇舌较长。后足具花粉篮（图1-41）。

（2）生活习性　一般在土表筑巢，少数在深层土中筑巢，巢窝零乱。贮蜜粉巢房与育虫巢房分开，

安建东 摄

图1-41　熊蜂为温室茄子授粉

蜜粉巢房呈圆钵状，较大；育虫巢房较小，呈葡萄状，密集成堆。寿命和日采集时间较长，采集力旺盛。

群势数十只到数百只不等，1年1代，当年蜂王越冬。对低温、低光密度适应性强，趋光性差，信息交流系统不如家养的蜜蜂发达，声振大。

（3）利用价值　采蜜量少且蜜质酸劣，其蜜、蜡在当地传统上有药用的习惯。熊蜂是豆科和茄科植物重要且十分有效的授粉者，是温室作物和长花管植物的理想授粉传媒，经熊蜂授粉，温室番茄可增产30%以上。

（4）饲养概况　目前，世界各国人工饲养并用于温室授粉的熊蜂有 *Bombus terrestris*（无中文名称）、明亮熊蜂（*B. lucorum*）、红光熊蜂（*B. ingnitus*）等。工厂化繁育熊蜂用于出售授粉已成为荷兰、以色列等国的一个新兴产业

2. 壁蜂

（1）形态特征　体型小到中等，雌性成蜂腹部腹面具有多排排列整齐的腹毛，被称为"腹毛刷"，是各种壁蜂的采粉器官，成蜂体色为黑色，有些壁蜂种类具有蓝色光泽。

（2）**生活习性**　为独栖蜂。一年1代，成虫越冬，耐低温。喜欢在石缝、土墙孔洞、砖瓦下、芦苇管、纸管内筑巢，可人工收回饲养。成蜂工作时间约为60天（图1-42）。雌蜂职能是为后代筑巢，采集食料；雄蜂专司交配，雌、雄个体只有性别差异，大小相似。

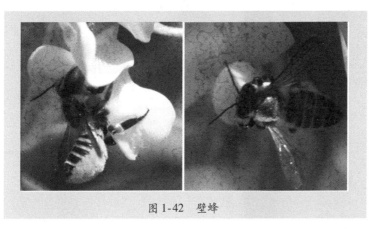

图1-42　壁蜂

（3）**经济价值**　已被人们开发应用于杏、苹果、桃、樱桃、梨等果树授粉的有凹唇壁蜂、角额壁蜂等，其中凹唇壁蜂繁殖快，群势大，授粉效果较为明显，试验表明，杏经该蜂授粉可增产69%。

（4）**饲养概况**　订单人工饲养。

第二章
养蜂工具

第一节　基本工具

一 蜂箱

蜂箱是供蜜蜂繁衍生息和人们生产蜂产品的基本工具。目前，使用最为广泛的是通过向上叠加继箱扩大蜂巢的叠加式蜂箱，主要有郎氏十框标准蜂箱和中华蜜蜂蜂箱两类。

由于蜂产品的制造和蜜蜂的生长都是蜂群在蜂箱中完成的，所以蜂箱必须适应蜜蜂习性、兼顾人们生产需要。在我国，制作蜂箱的木材以杉木和红松为宜（河南省也用桐木制作），并使其充分干燥。

1. 蜂箱的基本结构

以（中国）郎氏十框标准蜂箱为例进行介绍。蜂箱由巢框、箱体、箱盖、副盖、隔板、巢门板、箱底等部件和闸板等附件构成（图2-1）。

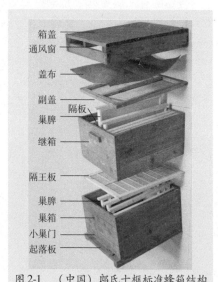

图2-1　（中国）郎氏十框标准蜂箱结构

（1）**箱盖** 在蜂箱的最上层，用于保护蜂巢免遭烈日的曝晒和风雨的侵袭，并有助于箱内维持一定的温度和湿度。

（2）**副盖** 盖在箱体上，使箱体与箱盖之间更加严密，防止蜜蜂出入。铁纱副盖须配备1块与其大小相同的布覆盖，木板副盖或盖布起保温、保湿和遮阳作用。

（3）**隔板** 为形状和大小与巢框基本相同的一块木板，厚度为10mm。每个箱体一般配置1块，使用时悬挂在蜂箱内巢脾的外侧。既可避免巢脾外露，减少蜂巢温湿度的散失，又可防止蜜蜂在箱内多余的空间筑造赘脾。

图2-2 巢箱与闸板

（4）**闸板** 形似隔板，宽度和高度分别与巢箱的内围长度和高度相同。用于把巢箱纵隔成互不相通的两个或多个区域（图2-2），以便同箱饲养两个或多个蜂群。

（5）**巢门板** 为巢门堵板，具有可开关和调节巢穴口大小的小木块。

（6）**箱底** 在蜂箱的最底层，一般与巢箱联成整体，用于保护蜂巢。

（7）**箱体** 包括巢箱和继箱，都是由4块木板合围而成的长方体，箱板采用L形槽接缝，四角开直榫相接合。箱体上沿开L形槽——框槽，为承受巢框用的槽。

巢箱是最下层箱体，供蜜蜂繁殖。继箱叠加在巢箱上方，是用于扩大蜂巢的箱体。

继箱的长和宽与巢箱的相同，高度与巢箱相同的为深继箱，巢框通用，供蜂群繁殖或贮蜜。高度约为巢箱1/2的为浅继箱，其巢框也约为巢箱的1/2，用于生产分离蜜、巢蜜或作为饲料箱。

（8）巢框　由上梁、侧条和下梁构成（图 2-3、图 2-4），用于固定和保护巢脾，悬挂在框槽上，可水平调动和从上方提出。意蜂巢框上梁腹面中央开一条深 3mm、宽 6mm 的槽——础沟，为巢框承接巢础处。

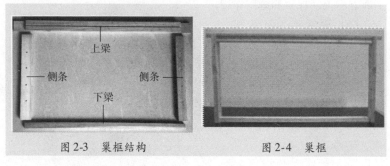

图 2-3　巢框结构　　　　　　　　图 2-4　巢框

2. 常用蜂箱的种类

常用蜂箱主要有我国使用的郎氏十框标准蜂箱、国外使用的郎氏十框标准蜂箱、中蜂蜂箱、授粉专用蜂箱等。

> **【提示】** 中国郎氏十框标准蜂箱多为双箱体，巢框上下通用；国外郎氏十框标准蜂箱多为多箱体，深箱体繁殖，浅继箱生产。

（1）中国郎氏十框标准蜂箱　由巢箱与继箱组成，巢脾通用，适合在中国饲养西方蜜蜂（图 2-5），其制作图解见图 2-6。

（2）国外郎氏十框标准蜂箱　由繁殖箱体和浅继箱组成，活动箱底，带箱架，有些在箱盖下加上 1 个箱顶饲喂器，在箱底设有通风架和脱粉装置。适合饲养意大利蜂。多变的

图 2-5　中国郎氏十框标准蜂箱

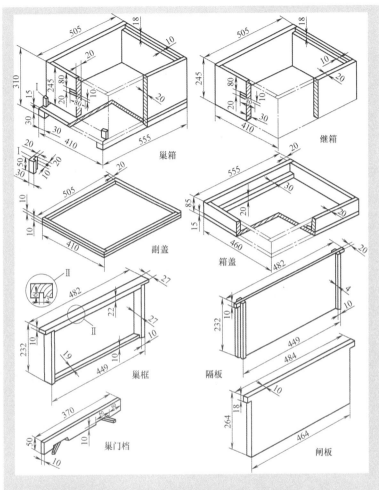

图 2-6　中国郎氏十框标准蜂箱制作图（单位：mm）

（引自《中国实用养蜂学》）

箱底，可用于生产蜂花粉，清扫杂物。箱顶饲喂器采用木板或塑料制成，长度和宽度与蜂箱的相同，但高度仅为 60～100mm，盛糖浆量约 10kg，使用时置于箱体与副盖之间。

（3）中蜂标准蜂箱　适合我国中蜂在部分地区饲养，其制作图见图2-7。采用这种蜂箱，早春双群同箱繁殖，采蜜期使单王和用浅继箱。

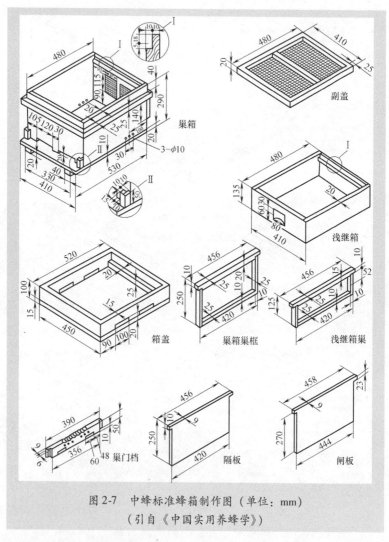

图 2-7　中蜂标准蜂箱制作图（单位：mm）

（引自《中国实用养蜂学》）

（4）豫蜂中蜂蜂箱　豫蜂中蜂蜂箱是一种增加巢箱下部活动空间、向上累加继箱扩大蜂巢并适合河南养蜂生产的中蜂蜂箱

（图 2-8）。

1）巢箱。蜂箱箱身左右内宽 275mm、前后内长 361mm、高 300mm。箱沿内开深 16mm、宽 10mm 的 L 形槽——框槽，用来放置巢框框耳。前后箱壁厚 22mm，左右箱壁厚 20mm。

2）继箱。每套蜂箱配备 1～2 个继箱，继箱高 252mm，宽 315mm、长（前后）405mm。箱沿内开深 16mm、宽 10mm 的 L 形槽，用来放置巢框框耳；前箱壁下缘偏左或偏右横开 70mm、高 5～7mm 的巢门一个。前后箱壁厚 22mm，左右箱壁厚 20mm。

图 2-8　豫蜂中蜂蜂箱

3）巢框。内高 210mm、内宽 325mm，高、宽比约 2:3。上梁长 377mm、宽 25mm、厚 20mm；侧条高 230mm、宽 25mm、厚 10mm；下梁长 325mm、宽 12mm、厚 10mm。

每套蜂箱配备 14 个巢框。

4）巢门板。为巢门堵板（档），具有可开关和调节巢穴口大小的小木块。巢门档开的小巢门高度 7mm。

5）隔板。为厚 10mm、比巢框外围尺寸稍大的一块木板。上下各 1 块，共两块。

6）箱底。箱底厚 15mm、长 430mm、宽 355mm。箱底板上面左、右和后边沿装订高 15mm、宽 40mm 的 L 形木条，承接箱体。箱底左右各钉与箱底等长、宽和高为 25mm 的木条各一根，支撑箱底。

7）箱盖。内围尺寸比箱体大 10mm，板厚 15mm，内部前后边缘衬垫 25～30mm 见方的木条,左右开气窗。

8）副盖：由四根木条组成框架（木条宽30mm、厚20mm）和中间横梁组成，外围尺寸与箱身相同，钉铁纱。

（5）授粉专用蜂箱
为放置 3～5 张巢脾、容纳7500～12500 只蜜蜂的木质或塑料蜂箱（图2-9）。这种蜂箱还可作为育种交配箱使用。

图2-9 授粉专用蜂箱结构
（引自 www.legaitaly.com）

二 巢础

巢础是指采用蜂蜡或无毒塑料制作的蜜蜂巢房房基（图2-10），使用时镶嵌在巢框中，工蜂以其为基础分泌蜡液将房壁加高而形成完整的巢脾。巢础可分为意蜂巢础和中蜂巢础，或者分为工蜂巢础、雄蜂巢础和巢蜜巢础等。

现代养蜂生产中，有些用塑料代替蜡质巢础，或直接制成塑料巢脾代替蜜蜂建造的蜡质巢脾（图2-11）。

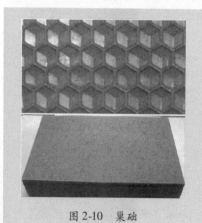

图2-10 巢础

图2-11 塑料巢础框
（引自 www.countryfields.ca）

一　取蜜与产浆器械

1. 取蜜器械

（1）分离蜂蜜器械

1）分蜜机。利用离心力把蜜脾中的蜂蜜甩出来的工具。

① 弦式分蜜机。蜜脾在分蜜机中，脾面和上梁均与中轴平行，呈弦式排列的一类分蜜机。目前，我国多数养蜂者使用两框固定弦式分蜜机（图2-12），特点是结构简单、造价低、体积小、携带方便，但每次仅能放2张脾，需换面，效率低。

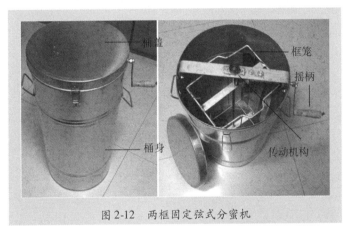

图 2-12　两框固定弦式分蜜机

② 辐射式分蜜机。多用于专业化大型养蜂场。蜜脾在分蜜机中，脾面与中轴在一个平面上，下梁朝向并平行于中轴，呈车轮的辐条状排列，蜜脾两面的蜂蜜能同时分离出来（图2-13）。另外，分离蜂桶或野生蜜蜂的蜂蜜时，常用螺旋榨蜜器榨取。

2）蜂刷和吹蜂机。常用清扫或吹拂的方法清除附着在巢脾上的蜜蜂。

① 蜂刷。我国通常采用白色的马尾毛和马鬃毛制作蜂刷（图2-14），刷落蜜脾、产浆框和育王框上的蜜蜂。

養蜂工具

第二章

人力辐射式分蜜机　　　　　电力辐射式分蜜机

图 2-13　辐射式分蜜机（引自 www.legaitaly.com）

图 2-14　蜂刷

②吹蜂机。由 1.47～4.41kW（2～6 马力）的汽油机或电动机作动力，驱动离心鼓风机产生气流，通过输气管从扁嘴喷出，将支架上继箱里的蜜蜂吹落（图 2-15）。

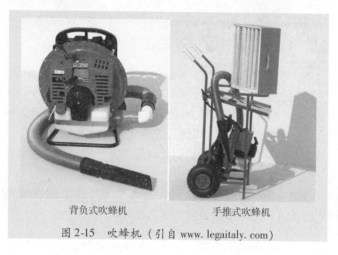

背负式吹蜂机　　　　　　手推式吹蜂机

图 2-15　吹蜂机（引自 www.legaitaly.com）

③割蜜房蜡盖刀。采用不锈钢制造，长约 250mm、宽 35 ～ 50mm、厚 1 ～2mm，用于切除蜜房蜡盖。

电热式割蜜刀刀身长约 250mm、宽约 50mm，双刃，重壁结构，内置 120 ～400W 的电热丝，用于加热刀身至 70 ～80℃（图 2-16）。

图 2-16　电热式割蜜刀（引自 www. beecare. com）

④过滤器。O. A. C. 连续净化蜂蜜的过滤器，由 1 个外桶、4 个网眼大小不一，孔径 0. 18 ～0. 90mm（20 ～80 目）的圆柱形过滤网等构成（图 2-17）。

（2）巢蜜生产工具　有巢蜜盒和巢蜜格 2 种（图 2-18），使用时镶嵌在巢框（或支架）中，并与小隔板共同组合在巢蜜继箱中，供蜜蜂贮存蜂蜜。

2. 产浆器械

（1）台基　采用无毒塑料制成，多个台基形成台基条（图 2-19，图 2-20）。目前采用较普遍的台基条有 33 个台基。

图 2-17　蜂蜜过滤器
（引自 www. legaitaly. com）

（2）移虫笔　把工蜂巢房内的蜜蜂幼虫移入台基育王或产浆的工具。采用牛角舌片、塑料管、幼虫推杆、弹簧等制成（图 2-21）。

图 2-18 巢蜜盒（左）和巢蜜格（右）

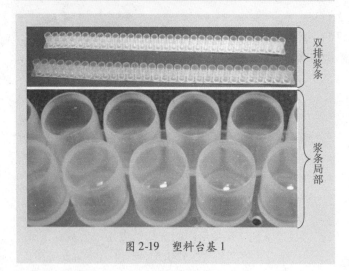

双排浆条

浆条局部

图 2-19 塑料台基 1

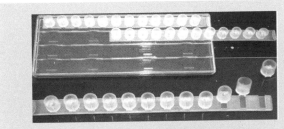

图 2-20　塑料台基 2——带有底座的王台王浆专用台基

图 2-21　移虫笔

（3）**王浆框**　用于安装台基条的框架，采用杉木制成。外围尺寸与巢框一致，上梁宽 13mm，厚 20mm；边条宽 13mm，厚 10mm；台基条附着板宽 13mm，厚 5mm（图 2-22）。

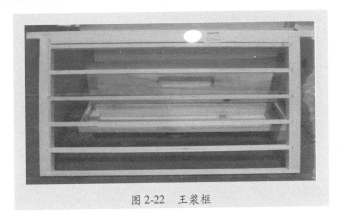

图 2-22　王浆框

（4）**刮浆板**　由刮浆舌片和笔柄组装而成（图 2-23）。刮浆舌片采用韧性较好的塑料或橡胶片制成，呈平铲状，可更换，刮浆端的宽度与所用台基纵向断面相吻合；笔柄采用硬质塑料制成，长度约 100mm。

（5）**镊子**　不锈钢小镊子（图 2-24），用于捡拾王台中的蜂王幼虫。

图 2-23　刮浆板

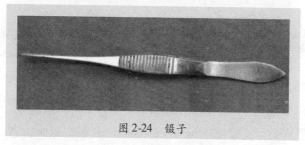

图 2-24　镊子

（6）**王台清蜡器**　由形似刮浆板的金属片构成，有活动套柄可转动，移虫前用于刮除王台内壁的赘蜡（图2-25）。

图 2-25　王台清蜡器

生产蜂王浆还需要割蜜刀，用于削除加高的王台台壁。用食品级塑料制作的塑料瓶或5L塑料壶盛装蜂王浆等。

二　脱粉与集胶工具

1. 脱粉工具

我国生产上使用巢门式蜂花粉截留器，与承接蜂花粉的集粉盒组成脱粉装置（图2-26），截留器的孔径一般为 4.6～4.9mm。

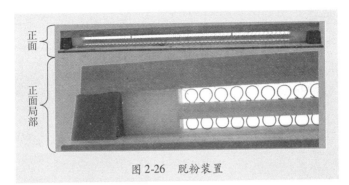

图 2-26　脱粉装置

4.6mm 孔径的仅适合中蜂脱粉使用，4.7mm 孔径的只适合干旱、花粉团小的季节意蜂脱粉使用，4.8～4.9mm 孔径的适合西方蜜蜂脱粉使用。蜜蜂通过花粉截留器的孔进巢时，后足两侧携带的花粉团被截留（刮）下来，落入集粉盒中。截留器刮下蜂花粉团率一般要求在75%左右。

2. 集胶工具

尼龙纱网取胶，多采用孔径为 0.28 ～ 0.45mm（40～60目）的无毒塑料尼龙纱，双层置于副盖下或覆布下。副盖式采胶器（图2-27），相邻竹丝间隙

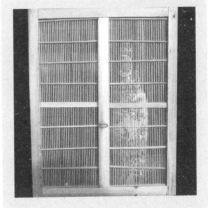

图 2-27　副盖式采胶器

为 2.5mm，一方面作副盖使用，另一方面可聚积蜂胶。使用尼龙纱网或副盖式采胶器取胶，一次采胶 100g 左右。

三　采毒与制蜡器具

1. 采毒器具

蜜蜂电子自动取毒器由电网、集毒板和电子振荡电路构成。电网采用塑料栅板电镀而成；集毒板由塑料薄膜、塑料屉框和玻璃板构成；电源电子电路以 3V 直流电（2 节 5 号电池），通过电子振荡

55

电路间隔输出脉冲电压作为电网的电源，同时由电子延时电路自动控制电网总体工作时间（图2-28）。

图 2-28　电取蜂毒器

2. 制蜡器具

图 2-29　螺杆榨蜡器

有电热榨蜡器、螺杆榨蜡器和日光晒蜡器，以螺杆榨蜡器常用。螺杆榨蜡器以螺杆下旋施压榨出蜡液，它的出蜡率和工作效率均较高。我国使用的螺杆榨蜡器由榨蜡桶、施压螺杆、上挤板、下挤板和支架等部件构成（图2-29）。榨蜡桶采用直径为10mm的钢筋排列焊接而成，桶身呈圆柱形，直径约350mm；将组成桶身钢筋之间的间隙作为出蜡口。施压螺杆由1t～2t的千斤顶供给动力，榨蜡时用于下行对蜂蜡原料施压挤榨。上、下挤板采用金属制成，其上有许多孔或槽，供导出提炼出的蜡液。榨蜡时，下挤板置于桶内底部，上挤板置于蜂蜡原料上方。支架和上梁由金属或坚固的木材制成，用于承受榨蜡的反作用力。

1. 管理工具

（1）起刮刀 采用优质钢锻成，用于开箱时撬动副盖、继箱、巢框、隔王板和刮铲蜂胶、赘脾、箱底污物及起小钉等，是管理蜂群不可缺少的工具（图2-30）。

图2-30 起刮刀（引自 www. draperbee. com）

（2）巢脾抓 用不锈钢制造，用于抓起巢脾（图2-31）。

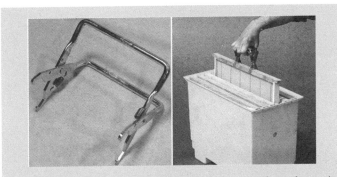

图2-31 巢脾抓（引自 www. cannonbee. com；www. legaitaly. com）

2. 防护工具

（1）蜂帽 用于保护头部和颈部免遭蜜蜂螫刺，有圆形和方形两种（图2-32），其前向视野部分采用黑色尼龙纱网制作而成。圆形蜂帽采用黑色纱网和尼龙网制作而成，为我国养蜂者普遍采用；方形蜂帽由铝合金或铁纱网制作而成，多为国外养蜂者采用。

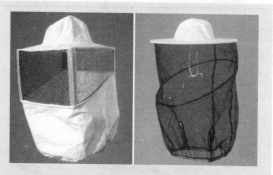

图 2-32　蜂帽（引自 www. legaitaly. com）

（2）**喷烟器**　风箱式喷烟器由燃烧炉、炉盖和风箱构成，燃烧艾草、木屑、松针等喷发烟雾镇压蜜蜂的反抗。

（3）**养蜂服装**

1）防护衣服。采用白布缝制，袖口和下（或裤脚）口都有松紧带，以防蜜蜂进入。养蜂工作衫常与蜂帽连在一起，蜂帽不用时垂挂于身后。养蜂套服通常制成衣裤连成一体的形式，前面装拉链（图 2-33）。

图 2-33　养蜂服装（引自 www. draperbee. com）

2）防护手套。由质地厚、密实的白色帆布缝合制成，长及肘部，端部粘有橡胶膜或直接用皮革制成，袖口采用能松紧的橡胶带缩小缝隙，用于保护手部。

二 饲喂与上础工具

1. 饲喂工具

流体饲料饲养器，用来盛装糖浆、蜂蜜和水供蜜蜂取食。

（1）塑料喂蜂盒子 由小盒和大盒组成，小盒喂水，大盒喂糖浆（图2-34）。

（2）巢门喂蜂器 由容器（瓶子）和吮吸区组成（图2-35）。

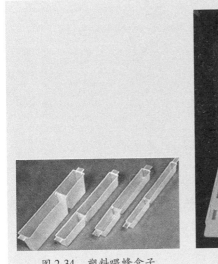

图2-34 塑料喂蜂盒子

图2-35 巢门喂蜂器

2. 巢础埋线工具

（1）埋线板 由1块长度和宽度分别略小于巢框的内围宽度和高度、厚度为15～20mm的木质平板，配上两条垫木构成（图2-36）。埋线时置于框内巢础下面作垫板，并在其上垫一块湿布（或纸），防止蜂蜡与埋线板粘连。

（2）埋线器

1）烙铁式埋线器（图2-37）。由尖端带凹槽的四棱柱形铜块配

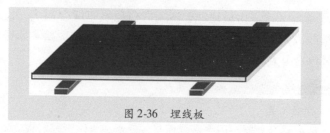

图2-36 埋线板

上手柄构成。使用时，把铜块端置于火上加热，然后手持埋线器，将凹槽扣在框线上，轻压并顺框线滑过，使框线下面的础蜡熔化，并与框线粘在一起。

齿轮式埋线器

烙铁式埋线器

图2-37 埋线器

2）齿轮式埋线器。由齿轮配上手柄构成。齿轮采用金属制成，齿尖有凹槽。使用时，凹槽卡在框线上，用力下压并沿框线向前滚动，即可把框线压入巢础。

3）电热式埋线器。电流通过框线时产生热量，将蜂蜡熔化，断开电源，框线与巢础粘在一起（图2-38）。输入电压220V（50Hz），埋线电压9V，功率100W，埋线速度为每框6~8s。

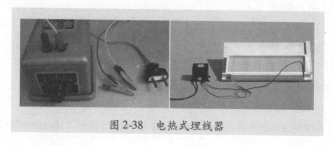

图2-38 电热式埋线器

1. 限王工具

指限制蜂王活动范围的工具，有隔王板和王笼等。

（1）隔王板 有平面和立面2种，均由隔王栅片镶嵌在框架上构成。它使蜂巢隔离为繁殖区和生产区，即育虫区与贮蜜区、育王和产浆区，以便提高产量和质量。

1）平面隔王板（图2-39）。使用时水平置于上、下两箱体之间，把蜂王限制在育虫箱内繁殖。

铝合金平面隔王板   竹木平面隔王板

图2-39 平面隔王板

2）立面隔王板（图2-40）。使用时竖立插于巢箱内，将蜂王限制在巢箱选定的巢脾上产卵繁殖。

图2-40 立面隔王板

3）蜂王产卵控制器。由立面隔王板和局部平面隔王板构成（图2-41），把蜂王限制在巢箱特定的巢脾上产卵，而巢箱与继箱之间无隔王板阻拦，让工蜂顺畅地通过巢箱与继箱，以提高效率。在养蜂生产中，应用于雄蜂蛹的生产和机械化或程序化的蜂王浆生产。

第二章 养蜂工具

（2）**王笼** 秋末、春初断子治螨和换王时，常用来禁闭老王或包裹报纸介绍蜂王（图2-42）。

图2-41 蜂王产卵控制器　　　　　图2-42 王笼

2. 搜捕工具

（1）**尼龙收蜂网** 由网圈、网袋、网柄3部分组成。网柄由直径为2.6～3cm，长为40cm、40cm、45cm的3节铝合金套管组成，端部有螺纹，用时拉开、拧紧，长可达110cm，不用时互相套入，长只有45cm，似雨伞柄。网圈用四根直径0.3cm、长27.5cm的弧形镀锌铁丝组成，首尾由铆钉轴相连，可自由转动，最后两端分别焊接与网柄端部相吻合的螺钉和能穿过螺钉的孔圈，使用时螺钉固定在网柄端部的螺钉上。网袋用白色尼龙纱来制作，袋长70cm，袋底略圆，直径5～6cm，袋口用白布镶在网圈上（图2-43）。

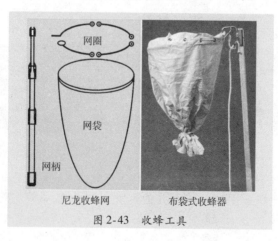

网圈

网袋

网柄

尼龙收蜂网　　　　布袋式收蜂器
图2-43 收蜂工具

使用时用网从下向上套住蜂团，轻轻一拉，蜂球便落入网中，顺手把网柄旋转180°，封住网口，提回，收回的蜜蜂要及时放入蜂箱。布袋式收蜂器与尼龙收蜂网相似。

图2-44　收蜂笊篱

（2）**收蜂笊篱**　适合中蜂的收捕。用荆条编成长 30cm 左右、宽约 20cm 的手掌状笊篱，笊篱两侧略向内卷，中央腹面略凹进，末尾收缩成柄，并在笊篱的中央系上 2~3 条布条，以便蜜蜂攀附（图2-44）。

四　运蜂与保蜂工具

1. 运蜂工具

（1）**固定工具**　用于把箱内巢脾和隔板等部件与箱体、上下箱体间连成牢固的整体，以抵御运输途中各种振动，保证蜜蜂的安全。

1）巢框固定工具。有距离卡、框卡条、海绵条（图2-45），另外，还可用铁钉从蜂箱前后壁穿过箱壁钉牢巢脾侧条。

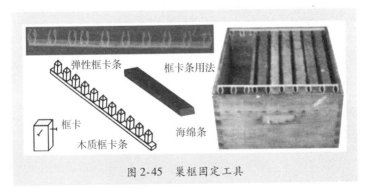

弹性框卡条　框卡条用法

框卡　海绵条

木质框卡条

图2-45　巢框固定工具

2）箱体连接工具。常见的有插接、扣接和机械结合绳索捆绑3种（图2-46）。另外，还可用竹片在左右箱壁采用上下八字形钉牢蜂箱。

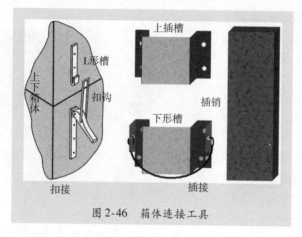

图 2-46　箱体连接工具

（2）运载工具

1）放蜂车。由驾驶室、生活和工作车间、车厢组成（图2-47）。配置车载 GPS 卫星导航、车厢前部拥有独立的生活空间、车顶设有太阳能发电系统、液晶电视、冰柜、燃气热水器、空调等现代化生活设施，车厢设有蜂箱移动、固定装置，可装载蜂群 200 箱左右，携带蜂蜜 5t 左右。

图 2-47　放蜂车

2）装卸设备。蜂箱装载机与底座相结合，将成组摆放在底座上的蜂群装上运输车或从车上卸下来。又把为两人抬蜂箱的专用工具。

2. 保蜂工具

保蜂工具主要为治螨器。由加热装置、喷药装置、防护罩和塑料器架等部件组成（图2-48），药液在输送到药气喷口的过程中被加热雾化，通过巢门或缝隙喷入蜂箱治螨。

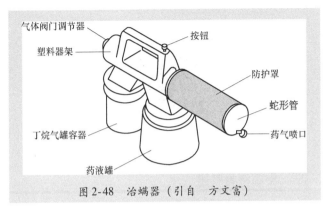

图 2-48　治螨器（引自　方文富）

使用时，采用丁烷气做燃料、选择双甲脒药液。首先检查丁烷气阀门处于关闭状态，然后旋下气罐容器，放进刚打开盖的丁烷气罐，并立即把该容器重新装好。接着旋下药液罐，装满双甲脒药液（如药液含有杂质，则必须经过过滤处理）并装好。打开丁烷气的阀门，点火，预热蛇形管约 2min，再按压塑料器架上部的按钮，将药液送入被加热的蛇形管汽化，同时，把药气喷口对准蜂箱巢门，经雾化的药液喷入蜂巢进行治螨。

注意事项：在使用过程中，当药液雾化颗粒较大时，应停止送药，升高蛇形管温度，再送药，使其充分汽化，提高治螨效果。

第三章
蜜源植物

第一节 蜜源植物概述

一 蜜源植物的概念

蜜源植物一般是指能为蜜蜂提供花蜜、花粉的植物，也泛指能为蜜蜂提供各种采集物的植物，例如蜂胶、甘露、有毒花蜜等。此外，在某些年份和特定地区，一些蚜虫、介壳虫等能给蜜蜂提供蜜露。蜜蜂的主要食料来自蜜源植物的花——花蜜腺分泌的花蜜和花药产生的花粉。

二 蜜源植物花的结构特征

花是植物的生殖器官，是植物果实、种子形成的基础。一朵花由花柄（梗）、花托、花萼、花冠、雄蕊、雌蕊和蜜腺等部分组成（图3-1）。

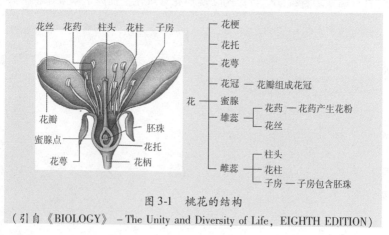

图 3-1 桃花的结构

（引自《BIOLOGY》– The Unity and Diversity of Life, EIGHTH EDITION）

（1）花蜜的产生 绿色植物光合作用所产生的有机物质，首先用于建造自身器官以及生命活动过程的消耗，然后将剩余部分积累并贮存于某些器官的薄壁组织中，在开花时，则以甜汁的形式通过蜜腺分泌到体外，即花蜜（图3-2）。

（2）花泌蜜机理 木本植物的花蜜常来自前一年或前一个生长季节所贮存的物质，如椴树；草本植物或者农田作物开花泌蜜所利用的主要是当年生长发育所积累的物质，如二年或多年生草本蜜源。土壤肥沃，水分充足，草本植物或农田作物长势强壮，不疯长，无病虫害，植物开花时有适宜的温度、雨水，则泌蜜丰富，丰收在望。

（3）花粉的产生 花粉是植物的（雄）性细胞，在花药里生长发育，植物开花时，花粉成熟从花药开裂处散放出来（图3-3）。

图3-2　蜜腺（一品红）　　图3-3　植物花药散出的花粉粒
　　　与分泌的甜汁　　　　（引自 www.gbrownc.on.capollen）

（4）花散粉机理 显花植物在其一生中，开花散粉是必然的生命过程。花散粉量受植物的生理状况，开花时的温度、湿度影响，还与植物的种类密切相关，如油菜花粉数量多，荔枝、枣、刺槐花粉数量少。

四 影响植物泌蜜和散粉因素

（1）生长环境 植物生长在南向坡地、沟沿比在阴坡、谷底泌蜜和散粉多，生长在土层厚的比瘠薄土壤上的荆条泌蜜多，荞麦生长在沙壤土上、棉花生长在黑土上，就比生长在其他土壤上的泌蜜和散粉丰富。

（2）**农业技术** 如耕作精细、施肥适当、播种均匀合理，使植物生长健壮，泌蜜和散粉就多。施用磷钾肥能提高花蜜量。赤霉素的使用，使素有河南铁蜜源之称的枣花失去了产量，由于转基因技术的推广，使原创下我国蜂蜜最高产的棉花无蜜可采。

（3）**花的位置** 通常花序下部比上部、主枝比侧枝的花蜜多、花粉多。

（4）**大年与小年** 椴树、荔枝、龙眼、枣树、乌桕等蜜源，在正常情况下当年开花多，结果多，植物体内营养消耗多。此后，如果无法得到足够的营养补充时，就会造成第二年花少、蜜少、粉也少；而在人类干预下的果树，大、小年不太明显。

（5）**光照和气温** 植物泌蜜和散粉都需要充足的阳光。例如采伐空地和山间旷地的蜜源植物比密林中的蜜源植物泌蜜多、散粉多。

适于植物泌蜜的温度一般在 15～30℃，当温度低于 10℃ 时，泌蜜减少或停止。如荔枝泌蜜的适宜温度为 16～28℃，超出这个范围泌蜜减少。

（6）**湿度和降雨** 适于泌蜜的相对空气湿度一般为 60%～80%。荞麦、枣树、椿树等花的蜜腺暴露在外，需要较高的湿度才能泌蜜，湿度越大，泌蜜越多，花粉成熟也是如此；菊科的蓟类和风毛菊在空气湿度较低的情况下，也能较好地泌蜜和散粉。花期如遇多雨晴天少，植物泌蜜减少，也不利于蜜蜂出勤。

> **【提示】** 江南油菜、紫云英蜜量大粉丰富，如果花期阴雨连绵，往往影响花蜜和花粉的产量。而昼晴夜雨则有利于芝麻开花泌蜜；下一场中雨，能摇荆条蜂蜜 2 次。

（7）**风** 刮 4 级以上西北风，使东北的荞麦花泌蜜减少或停止，花粉也因刮风使蜜蜂难以采集；相反，刮 1～2 级东南风，对东北荞麦花泌蜜、散粉都有利；然而，宁夏固原的荞麦，花期内刮东南风，即干热风（火风），泌蜜减少，散粉不佳。河南息县、固始地区的紫云英花期，如果遭遇黄风天气，泌蜜、散粉就会停止。

（1）蜜源的分类 按提供材料性质可分为花蜜植物、粉源植物、甘露植物、蜜露植物、胶源植物等；以采集植物用途可分为作物蜜源、果树蜜源等；按对养蜂生产价值大小可分为主要蜜源、辅助蜜源和有害蜜源等。

> ➡ **【提示】** 杨柳科、松科、桦木科、柏科和漆树科中的多数种，以及桃、李、杏、向日葵、橡胶树等植物，其芽苞、花苞、枝条和树干的破伤部分，能分泌树脂、胶液并能被蜜蜂采集加工成蜂胶。

（2）蜜源的调查 调查蜜源种类、花期、面积、分布和价值，了解蜜源场地的天气情况和蜜源植物的生长好坏、大年和小年、是否受病害，以及当地群众对农药、除草剂、激素的应用等，然后制订生产计划，确定放蜂路线。

第二节 主要蜜源植物

凡是能生产出大量商品蜂蜜或花粉的植物统称主要蜜源植物。

1. 油菜

油菜属于十字花科油料作物（图3-4）。我国南北均广泛栽培，绵阳、成都、青海、湖北、甘肃河西走廊是油菜蜜生产基地。1～8月开花，开花期约30天，泌蜜盛期15天左右。油菜花蜜、花粉丰

图3-4 油菜

富，繁蜂好，花期中可造脾 2~3 张，强群可取商品蜜 10~40kg，产浆 2~3kg，脱粉 3kg。

> ◆【小资料】 秦岭及长江以南地区白菜型油菜在 1~3 月开花，芥菜及甘蓝型花期为 3~4 月。华北地区为 3~5 月，陕西、青海和内蒙古地区为 7~8 月。

2. 芝麻

芝麻属于胡麻科油料植物（图 3-5）。全国有 66.67 万 hm²，河南栽培最多，湖北次之，安徽、江西、河北、山东等省种植面积也较大。7~8 月开花，花期 30 天，夜雨昼晴泌蜜多。芝麻花蜜、花粉丰富，花期可产浆 2kg、脱粉 2kg 和造脾 2 张，驻马店市每群蜂可采蜜 5~30kg。

图 3-5　芝麻

3. 荞麦

荞麦属于蓼科粮食作物（图 3-6）。全国每年播种面积约 200 万 hm²，分布在甘肃、陕西北部、宁夏、内蒙古、山西、辽宁西部等地。花期 8~10 月，泌蜜 20 天以上。荞麦花泌蜜量大，花粉充足，适宜繁殖越冬蜂，或产浆 1~2kg、脱粉 2kg 和造脾 2 张，每群能取蜜 20~50kg。

图 3-6　荞麦花
（引自 http://www.gudjons.com）

4. 向日葵

向日葵属于菊科经济作物（图3-7），在黑龙江、辽宁、吉林、内蒙古、山西、陕西等地种植最多。7月中旬至8月中旬开花，泌蜜期20天。向日葵花蜜、花粉丰富，一般每群蜂可取30～50kg蜜和5kg花粉。

图3-7　向日葵
（引自http://www.xtec.es/）

> 【小经验】在向日葵场地放蜂有垮掉蜂群的现象，严防盗蜂。

5. 棉花

棉花属于锦葵科经济作物（图3-8）。我国种植总面积达500万hm^2，其中新疆、江苏、湖北、河北、山东、江西、河南常年种植棉花面积均超过60万hm^2。在新疆的吐鲁番、南疆种植的海岛棉是著名的棉花蜜源场地。棉花在7～

图3-8　棉花
（引自agfacts.tamu.edu）

9月开花，泌蜜盛期40～50天。一般每群蜂可取蜜40～150kg。

> 【小经验】避开频繁使用农药、赤霉素和抗虫棉的放蜂场地。

6. 党参（彩图5）

党参属于桔梗科草本药材蜜源，以甘肃、陕西、山西、宁夏种植较多。党参花期从7月下旬至9月中旬，长达50天。党参花期长、泌蜜量大，3年生党参泌蜜好。每群蜂产量为30～40kg，丰收年高达50kg。

7. 茶叶树

茶叶树属于山茶科经济作物，有乔木有灌木。浙江、福建、云

第三章　蜜源植物

71

南、河南都有大量种植，10～12月开花。每群蜂可取茶花蜂花粉5～10kg，生产蜂王浆2kg。

> ⟳ 【提示】 茶叶树花期，坚持用糖水喂蜂，可减轻花期蜜蜂烂子病症状。

8. 柑橘

柑橘属于芸香科的常绿乔木或灌木类果树（图3-9），分为柑、橘、橙3类。分布在秦岭、江淮流域及其以南地区。多数在4月中旬开花。群体花期20天以上，泌蜜期仅10天左右。意蜂群在1个花期内可采蜜20kg，中蜂群可采蜜10kg。柑橘花粉呈黄色，有

图3-9 柑橘花
（引自 electrocomm. tripod. com）

利于蜂群繁殖。柑橘花期天气晴朗，则蜂蜜产量大，反之则减产。

> ⟳ 【提示】 蜜蜂是柑橘异花授粉的最好媒介，产量可提高1～3倍，通常每公顷放蜂1～2群，分组分散在果园里的向阳地段。

9. 荔枝

荔枝属于无患子科的乔木果树（图3-10）。主要产地为广东、福建、广西，其次是四川和台湾，全国约有6.7万hm²。1～5月开花，花期30天，泌蜜盛期20天。雌、雄开花有间歇期，夜晚泌蜜，泌蜜有大小年现象。荔枝树花多，花期长，泌蜜量大，每群蜂可取蜜30～50kg，西方蜜蜂兼生产蜂王浆。

10. 枣树

枣树属于鼠李科落叶乔木或小乔木（图3-11）。分布在河南、山东、河北、陕西、甘肃和新疆等省区。枣树在华北平原5月中旬至6月下旬开花，在黄土高原则晚10～15天。整个花期40天以上，其中泌蜜时间持

续 25 ~ 35 天。通常 1 群蜂可采枣花蜜 15 ~ 25kg，最高可达 40kg。

图 3-10　荔枝花　　　　　　图 3-11　枣花
（引自郑元春）　　　　（引自 www.southernmatters.com）

【提示】　枣花花粉少，单一的枣花场地，所散花粉不能满足蜜蜂消耗。枣农施药和赤霉素，会使蜜蜂中毒，干旱天气也会加剧群势下降。

11. 枇杷

枇杷属于蔷薇科常绿小乔木果树。浙江余杭、黄岩，安徽歙县，江苏吴县，福建莆田、福清、云霄，湖北阳新等地栽培最为集中。枇杷在安徽、江苏、浙江 11 ~ 12 月开花，在福建 11 月至第二年 1 月开花，花期长达 30 ~ 35 天。枇杷在 18 ~ 22℃、昼夜温差大的南风天气，相对湿度 60% ~ 70% 时泌蜜最多，蜜蜂集中在中午前后采集。刮北风遇寒潮不泌蜜。1 群蜂可采蜜 5 ~ 10kg，在河南郑州市可采足越冬饲料。枇杷花粉黄色，数量较多，有利于蜂群繁殖。

12. 龙眼

龙眼又称桂圆，属于无患子科常绿乔木、亚热带栽培果树。海南岛和云南省东南部有野生龙眼，以福建、广东、广西栽种最多，其次为四川和台湾。福建的龙眼集中在东南沿海各县市。龙眼树在海南岛 3 ~ 4 月开花，广东和广西 4 ~ 5 月开花，福建 4 月下旬至 6 月上旬开花，四川 5 月中旬至 6 月上旬开花。花期长达 30 ~ 45 天，泌

第三章　蜜源植物

蜜期 15~20 天。龙眼开花泌蜜有明显大小年现象，大年天气正常，每群蜜蜂可采蜜 15~25kg，丰年可达 50kg。龙眼花粉少，不能满足蜂群繁殖要求。由于龙眼花期正值南方雨季，是产量高但不稳产的蜜源植物。龙眼夜间开花泌蜜，泌蜜适宜温度为 24~26℃。晴天夜间温暖的南风天气，相对湿度 70%~80%，泌蜜量大。花期遇北风、西北风或西南风时不泌蜜。

> ➡ 【提示】 果树花期，要预防蜜蜂农药、激素中毒。

13. 紫花苜蓿

紫花苜蓿属于豆科、多年生栽培牧草。全国约种植 66.7 万 hm²，主要分布在陕西（关中、陕北）、新疆（石河子、阿勒泰及阿克苏地区）、甘肃（平凉、庆阳、定西、天水）、山西（吕梁地区、运城、临汾、晋中、忻州）。紫花苜蓿在山西永济 5 月上旬开花，陕西、甘肃、宁夏、新疆 5~6 月开花，内蒙古 7~8 月开花，花期长达 1 个月。强群采蜜 80kg 左右，花粉少。

14. 草木樨

草木樨属于豆科牧草。分布在陕西、内蒙古、辽宁、黑龙江、吉林、河北、甘肃、宁夏、山西、新疆等地。6 月中旬至 8 月开花，盛花期 30~40 天。白香草木樨花小而数量大，花蜜、花粉均丰富，通常 1 群蜂可采蜜 20~40kg，丰收年可达 50~60kg。花期可生产蜂王浆和花粉。

15. 紫云英

紫云英属于豆科绿肥和牧草（图3-12）。生长在长江中下游流域，河南主要播种在光山、罗山、固始、潢川等县。1 月

图 3-12　紫云英花
（引自 aoki2. si. gunma-u. ac. jp）

下旬至5月初开花，花期1个月，泌蜜期20天左右。紫云英泌蜜最适宜温度为25℃，相对湿度为75%~85%，晴天光照充足则泌蜜多。干旱、缺苗、低温阴雨、遇寒潮袭击以及种植在山区冷水田里，都会减少泌蜜或不泌蜜。在我国南部紫云英种植区，通常每群蜂可采蜜20~30kg，强群日进蜜量高达12kg，产量可达50kg以上。紫云英花粉为橘红色，量大，营养丰富，可满足蜂群繁殖、生产蜂王浆和蜂花粉。

> ➲ 【提示】 在蜜蜂采集紫云英花蜜时期，如刮黄风、沙风，紫云英不泌蜜，且伴有爬蜂病发生。

16. 毛叶苕子

毛叶苕子属于豆科牧草、绿肥，江苏、安徽、四川、陕西、甘肃、云南等省栽种多。毛叶苕子在贵州兴义3月中旬开花，四川成都4月中旬开花，陕西汉中4月下旬开花，江苏镇江、安徽蚌埠5月上中旬开花，山西右玉7月上旬开花。花期20天以上。每群蜂可取蜜15~40kg。

17. 光叶苕子

光叶苕子属于豆科牧草、绿肥，主要生长在江苏、山东、陕西、云南、贵州、广西和安徽等地。光叶苕子在广西3月中旬至4月中旬开花，云南3月下旬至5月上旬开花，江苏淮安市、山东、安徽4月下旬至5月下旬开花。开花泌蜜期25~30天。每群蜂常年可取蜜30~40kg，花粉粒为黄色，对繁殖蜂群和生产蜂王浆、蜂花粉都有利。光叶苕子经蜜蜂授粉，产种量可提高1~3倍。

18. 刺槐

刺槐属于豆科落叶乔木（图3-13）。分布在江苏和安徽北部、胶东半岛、华北平原、黄河故道、关中平原、陕西北部、甘肃东部等省区。刺槐开花，郑州和

图3-13 刺槐
（引自《中国蜜蜂学》）

宝鸡是4月下旬至5月上旬，北京在5月上旬，江苏、安徽北部和关中平原为5月上中旬，长治为5月中旬，胶东半岛和延安为5月中旬至5月下旬，秦岭和辽宁为5月下旬。开花期10天左右，每群蜂产蜜30kg，多者可达50kg以上。在同一地区，平原气温高先开花，山区气温低后开花，海拔越高，花期越延迟，花期常相差1周左右，所以，一年中可转地利用刺槐蜜源2次。

19. 椴树属

椴树属主要蜜源有紫椴和糠椴，落叶乔木，以长白山和兴安岭林区最多、泌蜜最好。

紫椴花期在6月下旬至7月中下旬，开花持续20天以上，泌蜜15～20天。紫椴开花泌蜜大小年明显，但由于自然条件影响，也有大年不丰收、小年不歉收的情况。糠椴开花比紫椴迟7天左右，泌蜜期20天以上。泌蜜盛期强群日进蜜量达15kg，常年每群蜂可取蜜20～30kg，丰年达50kg。

20. 柃

柃，乔木，别名野桂花，为山茶科柃属蜜源植物的总称（图3-14）。柃生长在长江流域及其以南各省、自治区的广大丘陵和山区，江西的萍乡、宜春、铜鼓、修水、武宁、万载，湖南的平江、浏阳，湖北的崇阳等地，柃的种类多，数量大，开花期长达4个多月，是我国"野桂花"蜜的重要产区。柃花大部分被中蜂所利用，浅山区西方蜜蜂也能采蜜。同一种柃有相对稳定的开花期，群体花期约10～15天，单株约7～10天。不同种的柃交错开花，花期从10月到第二年3月。中蜂常年每群蜂产蜜20～30kg，丰年

尤方东 摄

图3-14 柃

可达 50～60kg。枬雄花先开，蜜蜂积极采粉，中午以后，雌花开，泌蜜丰富，在温暖的晴天，花蜜可布满花冠。枬花泌蜜受气候影响较大，在夜晚凉爽、晨有轻霜、白天无风或微风、天气晴朗、气温 15℃ 以上时泌蜜量大；在阴天甚至小雨天，只要气温较高，仍然泌蜜，蜜蜂照常采集；最忌花前过分干旱或开花期低温阴雨。

图 3-15　荆条花

21. 荆条

荆条属于马鞭草科的灌木丛（图 3-15）。主要分布在河南山区、北京郊区、河北承德、山西东南部、辽宁西部和山东沂蒙山区。6～8 月开花，花期 40 天左右。1 个强群可取蜜 25～60kg，生产蜂王浆 2～3kg。

【小资料】 荆条花粉少，加上蜘蛛、壁虎、博落回等天敌和有害蜜源的影响，多数地区采荆条的蜂场，蜂群群势下降。

22. 乌桕

乌桕属于大戟科乌桕属蜜源植物，其中栽培的乌桕和山区野生的山乌桕均为南方夏季主要蜜源植物。

（1）乌桕　落叶乔木，分布在长江流域以南各省区，6 月上旬至 7 月中旬开花，常年每群蜂可取蜜 20～30kg，丰年可达 50kg 以上。

（2）山乌桕　落叶乔木，生长在江西省的赣州、吉安、宜春、井冈山等地，湖北大悟、应山和红安，贵州的遵义，以及福建、湖南、广东、广西、安徽等地。在江西 6 月上旬至 7 月上旬开花，整个花期 40 天左右，泌蜜盛期 20～25 天，是山区中蜂的最重要的蜜源之一。每群蜂可取蜜 40～50kg，丰收年可达 60～80kg。

23. 桉树

桉树泛指桃金娘科桉属的夏、秋、冬开花的优良蜜源植物，乔木（图3-16）。分布于四川、云南、海南、广东、广西、福建、贵州，6月至第二年2月开花，每群蜂生产蜂蜜5～30kg。

24. 密花香薷

密花香薷属于唇形科草本蜜源（图3-17），分布在河南三门峡市、宁夏南部山区、青海东部、甘肃的河西走廊以及新疆的天山北坡。7月上中旬至9月上旬开花，泌蜜盛期在7月中旬至8月中旬。每群蜂可采蜜20～50kg。

图3-16　桉树花

（引自 www. microscopy-uk. org）

图3-17　香薷花

25. 野坝子

野坝子属于唇形科多年生灌木状草本蜜源（图3-18）。主要生长在云南、四川西南部、贵州西部。10月中旬至12月中旬开花，花期约40～50天。常年每群蜂可采蜜20kg左右，并能采够越冬饲料。花粉少，单一野坝子蜜源场地不能满足蜂群繁殖需要。

26. 老瓜头

老瓜头属于萝藦科夏季荒漠地带草本蜜源植物，是草场沙漠化后优良的固沙植物（图3-19）。生长在库布齐、毛乌素两大沙漠边缘，如宁夏盐池、灵武，陕西的榆林地区古长城以北，内蒙古鄂尔多斯市。5月中旬始花，7月下旬终花，6月份为泌蜜高峰期。老瓜头泌蜜适温为25～35℃。开花期如遇天阴多雨，泌蜜减少，下一次透雨，2～3天不泌蜜。花期，如每间隔7～10天下一次雨，则生长旺盛，为丰收年；如持续干旱，开花前期泌蜜多，花期结束早。每群蜂可采 50 ~ 100kg 蜂蜜。老瓜头蜜与枣花蜜相似。

图 3-18　野坝子花

图 3-19　老瓜头

➡【小经验】 老瓜头场地常缺乏花粉，需要及时补充。

27. 车轴草

车轴草又称三叶草，有红车轴草和白车轴草，属于豆科多年生花卉和牧草、绿肥作物（图 3-20），城市夏季主要蜜源。分布在江苏、江西、浙江、安徽、云南、贵州、湖北、辽宁、吉林、黑龙江和河南等省。4 ~ 9 月开花，5 ~ 8 月集中泌蜜。每群蜂采红车轴草蜜约 5kg，红车轴草结籽率可提高 70%；可采白车轴草蜜 10 ~ 20kg。

图 3-20　车轴草花（引自　黄智勇）

第三节　辅助蜜源植物

辅助蜜粉源植物多为分布范围小、或较分散、或泌蜜量不大，除个别地区外，不能够生产大宗商品蜜，但对蜂群的繁殖和产浆、脱粉等有重要价值的植物（表3-1）

表3-1　全国重要辅助蜜源植物简表

植物	科名	花期/月份	分布	价值/kg			备注
				蜜	浆	粉	
茵陈蒿	菊科	8~9	南北各省			2	
野菊花		10~11	河南、山西、陕西、甘肃	10		1	
槿麻	锦葵科	7~8	河南正阳、信阳	35			甘露蜜
桔梗	桔梗科	6~9	安徽亳州、河南等省区	15			
荷花	睡莲科	6~9	湖南、湖北、河南			3~4	
五味子	木兰科	5	河南、湖北、陕西、甘肃	10		1~2	
牛膝	苋科	6~9	河南焦作地区	15			
小茴香	伞形科	7~8	内蒙古托县、山西朔州	35		供繁殖	
韭菜	葱科	8~9	河南浚县	5~8		供繁殖	
枸杞（彩图6）	茄科	5~6	全国各地	10	供繁殖		宁夏可取蜜
烟叶		7~8	河南、云南	10			
辣椒		7~8	漯河市、三门峡市	5		供繁殖	
冬瓜	葫芦科	7~8	全国各地	10		供繁殖	
西瓜		5~7	广泛栽培	25		2.5	

植物	科名	花期/月份	分布	蜜	浆	粉	备注
				价值/kg			
花椒	芸香科	4～5	山区	15		供繁殖	
柿树	柿树科	5	黄河中下游各省及华中山区栽培最多	10			
君迁子		5	河南、山西	8			多被中蜂利用
沙枣	胡颓子科	5～6	东北、华北及西北	5			
黄连	小檗科	3～4	云南、四川等	10			个别年份可取蜜
板栗	壳斗科	5～6	辽宁、河北、黄河流域及其以南	供繁殖		2	
猕猴桃	猕猴桃科	6	河南省西峡县、浙江省江山市	供繁殖		1	
女贞	木樨科	5～7	湖南、江西和河南省	5		供繁殖	
鹅掌柴	五加科	10月至第二年1月	福建、台湾、广东、广西、海南、云南	10～20			
泡桐	玄参科	3～5	全国各地，以河南最多	20			粉苦供繁殖
椿树	苦木科	5～6	华北、西北、华东	10			
水锦树	茜草科	3～4	广东、广西	供繁殖		供繁殖	
柳树	杨柳科	3	全国各地	5～8		1	
冬青	冬青科	3～5	长江流域及其以南、郑州	10			
六道木	忍冬科	5～6	河北、山西、辽宁、内蒙古	10			

第三章
蜜源植物

（续）

植物	科名	花期/月份	分布	价值/kg 蜜	价值/kg 浆	价值/kg 粉	备注
漆树	漆树科	5～6	秦岭、三门峡市	25			多数为混合蜜
盐肤木		8～9	长江流域及其以南	8			
酸枣（彩图7）	鼠李科	5～6	河南、河北、山西、山东、甘肃、陕西等省区的山区	20			山区中蜂可取蜜
梨树		4	全国各地	5		供繁殖	
山楂		5	河南太行山区，山西沁水、阳城以及山东	供繁殖		2	
桃树	蔷薇科	3	全国各地	供繁殖		1.5	
杏树		3～4	东北南部、华北、西北等黄河流域各省	供繁殖		2	
苹果		4～5	辽宁、河北、山西、山东、陕西、宁夏、甘肃、河南	8		供繁殖	三门峡市可取蜜
橡胶树	大戟科	3～4月为主花期，5～7月二次开花，少数8～9月开花	广西、海南岛和云南的西双版纳	10～15			甘露蜜

植物	科名	花期/月份	分布	价值/kg 蜜	价值/kg 浆	价值/kg 粉	备注
白刺花		5	陕西、甘肃、山西、河南、云南	20~30			
野皂荚		5~6	河南省太行山、伏牛山和山西、陕西	8		1~2	
胡枝子		7~8	长白山和兴安岭山区	15~50		4~5	
田青	豆科	8~9	江苏、浙江、福建、台湾、广东	15		供繁殖	中蜂利用
槐树		7~8	全国普遍种植	8			绿化树种
苦参		7	河南、山西、陕西、甘肃、湖北	15			多为混合蜂蜜
九龙藤		9-10	浙江、江西、福建、台湾、湖北、湖南、广东、海南、广西、贵州				蜜味苦
山葡萄	葡萄科	5~6	太行山和伏牛山、山西、东北	10		2~3	
葎草	大麻科	7~8	全国各地	供繁殖			
毛水苏		6~9	黑龙江饶河两岸、河南、内蒙古自治区等	100~150			
柴荆芥		8~10	河北、河南、山西、陕西、甘肃	10		供繁殖	
益母草（彩图8）	唇形科	6~9	全国各地	15		供繁殖	
夏枯草		5~6	河南省确山县	15			
丹参		4~5	河南、四川、山东、浙江	20		供繁殖	
薄荷		7~8	江苏、河南、浙江、安徽、河北有栽培，新疆有野生	10			集中种植区可取蜜

第三章 蜜源植物

（续）

植物	科名	花期/月份	分布	价值/kg 蜜	价值/kg 浆	价值/kg 粉	备注
铜锤草	酢浆草科	3～11	全国各地	15		供繁殖	城市5～6月份可取蜜
栾树	无患子科	6～9	南北各地	15		1～2	绿化树
玉米	禾本科	6～7	广泛栽培			3～5	
水稻	禾本科	4～9	广泛栽培			1.5	
红树林	红树科		广西、广东、台湾、海南、福建、香港、澳门和浙江南部				也称红树植物，生长在热带、亚热带淤泥质海滩

第四节　有害蜜源植物

有害蜜源植物是指产生的花蜜或花粉含有毒生物碱或不易消化的多糖类物质，对蜂或人类有毒害作用的植物。此外，能产生甘露植物或供昆虫分泌蜜露植物，使蜜蜂死亡或不适反应。

1. 雷公藤

别名黄蜡藤、菜虫药，卫矛科，藤状灌木。分布在长江以南各地山区以及华北至东北山区，生于荒山坡及山谷灌木丛中。湖南南部及广西北部山区花期在6月下旬、云南花期为6月中旬至7月中旬。雷公藤蜜腺袒露，干旱年份，泌蜜较好。

蜜蜂采集雷公藤花蜜酿造成蜂蜜，呈深琥珀色，味苦带涩味，含有毒物质"雷公藤碱"，对人有毒，而对蜜蜂无害。

2. 紫金藤

别名大叶青藤、昆明山海棠、白背雷公藤、山砒霜，卫矛科，藤状灌木。分布在福建、云南、广西等省、自治区，生长于向阳荒山坡及山谷灌木丛中。在云南7月中旬至8月中旬开花，在湖南城步和广西龙胜6～7月份开花。蜜腺袒露，花蜜多、花粉少。昆明山海棠蜂蜜呈深琥珀色，有苦涩味，对人有毒。

3. 苦皮藤

别名苦树皮、棱枝南蛇藤、马断肠，卫矛科，藤状灌木。分布在甘肃、陕西、河南、山东、安徽、广东、广西、江西、江苏、四川、贵州等省、自治区，生长于海拔 400～3600m 的山坡丛林及灌木丛中湿润的地方，常和白刺花等混生。5～6 月开花，花期 20～30 天，比当地主要蜜源白刺花晚 15～20 天，两种植物开花期首尾相接。泌蜜多、散粉少。

苦皮藤花蜜和花粉有毒，对成年蜜蜂和幼虫都有伤害，尤其雨过天晴，白刺花花期结束，蜜蜂中毒现象更为严重。蜜蜂采食后腹部胀大，身体痉挛，尾部变黑，吻伸出呈钩状死亡。幼蜂食用苦皮藤蜂蜜和花粉后也死亡，使群势骤降。因此，在白刺花末期应及时将蜂群转移到别的蜜源场地。苦皮藤蜂蜜水白透明，质地浓稠，有毒。

4. 博落回

别名号筒杆、野罂粟、黄薄荷，罂粟科，多年生草本。分布在我国淮河以南各省及西北地区、太行山区，如河南、湖南、湖北、江西、江苏、浙江等省。生长在丘陵、低山草地和林缘、撂荒地。在云南 6 月上旬至 7 月上旬开花散粉，在广西龙胜 6～7 月开花、河南 6 月下旬至 7 月中旬开花。泌蜜少、散粉多，花粉香气浓郁，为粉源植物。茎汁有剧毒，花粉对幼虫有伤害。蜂蜜和花粉对人和蜜蜂都有毒。

5. 藜芦

别名山葱、老旱葱，百合科，多年生草本。分布在东北林区的林缘、山坡、草甸。山东、内蒙古自治区、甘肃、新疆、四川和河北也有生长。花期 6～7 月。泌蜜多、散粉多。

植株含有多种藜芦碱，蜜蜂采集其花蜜和花粉后出现抽搐、痉挛，有的来不及还巢就死于花下，带回巢的花蜜和花粉还会引起幼蜂和蜂王中毒，群势急剧下降。

6. 曼陀罗

别名醉心草、狗核桃，茄科直立草本植物。分布在东北、华北和华南地区。长在路边、草地、溪涧和山坡等地方，在海拔 1 900 ~ 2 500m 间最多，也栽种于庭院用于观赏。花期为 6 ~ 10 月。曼陀罗有蜜有粉，对蜜蜂有毒。

7. 油茶

别名茶籽树、茶油树，山茶科常绿灌木或小乔木，是广东、广西、湖南、湖北、浙江、江西、福建、四川和台湾等省、自治区主要栽培的油料树种，全国约有 400 多万 hm^2。开花期为 9 ~ 12 月，花期长达 50 ~ 60 天，花蜜、花粉丰富。

油茶花蜜和花粉对蜜蜂有毒，蜜蜂采集油茶花蜜后，幼虫大批腐烂，呈灰白色或乳白色，失去环纹，瘫在房底，并发出酸臭味。成年蜜蜂中毒后腹部膨大透明，震颤发抖，最后在箱内外死亡，严重者全群死亡。在同样条件下，意蜂比中蜂病重。

预防措施有：喂稀糖水，每隔 1 ~ 2 天喂 1:1 的糖水；喂药，用"油茶蜂乐冲剂" 500g，加入糖浆中喂蜂 2 ~ 4 群。

8. 甘露和蜜露植物

（1）甘露植物 某些植物的嫩枝、幼叶或花蕾等表皮渗出像露水似的含糖甜液，并能被蜜蜂采集加工成蜜，这类植物称为甘露植物，由此获得的蜂蜜称为甘露蜜。如马尾松、南洋楹、银合欢、板栗、锥栗、茅栗、香蕉、芭蕉、田菁、山楂、锦葵等。甘露蜜也能食用，福建南平、永安等地的马尾松都产生甘露蜜。

（2）蜜露植物 某些植物的芽、幼枝幼叶、花，被某些昆虫（如蚜虫、介壳虫、蝉等）的口器刺穿吸食液汁后从肛门排出含糖甜物质，这些植物称为蜜露植物（图 3-21），被蜜蜂采集酿制成的蜂蜜称蜜露蜜。常见具有蜜露的植物有乌桕、柳树、高粱、玉米、甘蔗、银合欢、豌豆、栎树、棉花、椴树、鹅掌柴、山毛榉、黄栌、针叶类

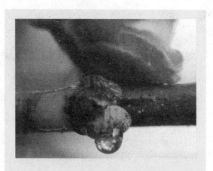

图 3-21 介壳虫产生的蜜露

树种等。

蜜露含有糊精、低聚糖类、单宁酸、钾盐甚至抗酶性物质等，蜜蜂食用后不能正常消化及吸收利用。

发生甘露蜜和蜜露蜜中毒的多是采集蜂，强群比弱群中毒严重。甘（蜜）露蜜会使蜜蜂腹部膨大，并伴有下痢，失去飞行能力。蜜蜂常在巢脾框梁上或巢门外爬行，行动迟缓，体色变为黑色。解剖消化道观察，蜜囊膨大成球状，中肠呈灰白色，环纹消失、失去弹性，后肠呈黑蓝色或黑色，里面充满淡紫色水状液体并有块状结晶物。中毒严重时成年蜂、幼年蜂、幼虫及蜂王都会中毒死亡。

> ❍【小资料】甘（蜜）露蜜不能留在蜂巢里做蜜蜂饲料用，一旦发现，必须及时摇出。

第四章
基本管理技术

第一节　建立养蜂场

一　蜂群的获得

养蜂伊始，获得蜂群的方法有购买和狩猎，平原地区以购买为主，山区多数猎获野蜂。平原地带或转地放蜂，宜饲养西方蜜蜂，山区适合中蜂的发展。

（1）捕捉分蜂团　在蜂群周年生活中，分蜂繁殖是其自然规律。蜂群飞出蜂巢不久便在蜂场附近的树杈或屋檐下结团，2～3h后便举群飞走。在蜂群团结后和离开前，最有利于搜捕。在抓捕之前，先准备好蜂箱，摆放在合适的地方，内置1张有蜜有粉的子脾，两侧放2张巢础框。

捕捉分蜂团的方法有多种，如图4-1所示的分蜂团，可用捕蜂网套装分蜂

图4-1　团聚在高树上的蜜蜂

团，然后拉紧绳索，堵住网口，撤回后抖入事先准备好的蜂箱中。对于图4-2所示的结在低处小树枝上的分蜂团，可先把蜂箱置于蜂团下，然后压低树枝使蜂团接近蜂箱，最后抖蜂入箱。

此外，对于聚集在树干上的分蜂团，可用铜版纸卷成V形纸筒，将蜂舀入事先准备好的蜂箱中。对于附着在小树枝上的分蜂团，可一手握住蜂团上部的树枝，另一手持枝剪在握树枝手的上方将树枝剪断，提回蜜蜂，抖入蜂箱。

图4-2 收捕低处小树枝上的分蜂团（引自 黄智勇）

【提示】 捕捉分蜂团，务必将蜂王收回，并保证其安全。

（2）诱捕野蜂群 在分蜂季节，将蜂箱置于野生蜂群多且朝阳的半山坡上，内置镶嵌好的巢础框，飞出来的野生蜂群就会住进去。然后将箱带蜂搬到合适的地方饲养，或就地饲养（图4-3）。

图4-3 诱捕野生蜂群——设置诱饵蜂箱

【小资料】 利用这个方法，在河南省陕县店子乡，一对年轻夫妇于每年4月下旬~5月中旬，可诱捕中蜂60~100窝（群）。

（3）购买蜂群

1）挑选蜂群。挑选蜂群应在晴暖天气的中午到蜂场观察，所购蜂群要求蜂多而飞行有力有序，蜂声明显，工蜂健康，有大量花粉带回；蜂箱前无爬蜂、酸和腥臭气味、石灰子样蜂尸等病态，然后再打开蜂箱进一步挑选。

① 蜂王颜色新鲜，体大胸宽，腹部秀长丰满，行动稳健，产卵时腹部伸缩灵敏，动作迅速，提脾安稳，产卵不停。

② 工蜂体壮，健康无病，新蜂多，性情温顺，开箱时安静、不扑人、不乱爬，体色一致。

③ 子面积大，封盖子整齐成片（图4-4）、无花子、无白头蛹（图4-5）和白垩病等病态，子脾占总脾数的一半以上；幼虫色白晶亮饱满。

图4-4　正常的封盖子脾

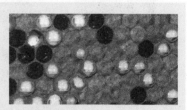
图4-5　白头蛹（由巢虫、蜂螨引起）

> ● **【小资料】** 花子是指幼虫、蛹、卵和空巢房混杂。

④ 巢脾不发黑，雄蜂房少或无，有一定数量的蜜粉。

⑤ 蜂箱坚固严密，尺寸标准。

⑥ 群势早春不小于2框足蜂，夏秋季节大于5框。

2）定价付款。买蜂以群论价，脾是群的基本单位。脾的两面爬满蜜蜂（不重叠、不露脾）为1脾蜂，意蜂约2 400只，中蜂约3 000只。现在，早春1脾蜂约80～100元，秋季则20元左右。

买蜂也以重量计价（如笼蜂），一般是1kg约有10 000只意蜂，有中蜂12 500只，占4个标准巢框。

> ● **【提示】** ① 务必向高产、稳产、无病的蜂场购买蜂群。
> ② 高温季节蜜蜂容易多估，低温季节蜜蜂容易少估。

二 场址的选择

养蜂场是养蜂员生活和饲养蜜蜂的场所。无论是定地或转地养蜂，都要选一个适宜蜂群和人生活的环境。

（1）蜜源　在养蜂场地周围2.5km半径内，有1～2个比较稳产的主要蜜源和交错不断的辅助蜜源，无有害蜜源。

（2）环境　在山区，场址应选在蜜源所在区的南坡下，平原地带选在蜜源的中心或蜜源北面位置。方圆200m内的小气候要适宜，如温度、湿度、光照等，避免选在风口、水口、低洼处，要求背风、向阳，冬暖夏凉，巢门前面开阔，中间有稀疏的树林。水源充足、质量要好，周围环境安静。远离化工厂、糖厂、鸡场、猎场、铁路和有高压线的地方。另外，大气污染的地方（包括污染源的下风向）不得作为放蜂场地。

考虑有无诸如虫、兽、水、火等对人和蜂的潜在威胁。定地蜂场还须有相应的生活用房、生产车间和仓库等，两蜂场之间应相距2～3km。转地放蜂须有帐篷，每到一处，蜜源都要丰富，预防蜜蜂被毒害，场地之间可适当密集一些，但不能引起偏集和盗蜂。蜂场应设在车、船能到达的地方，以方便产品、蜂群的运输。

> ◆【提示】　中蜂场地要距离意蜂场地2.5km以上，忌场后建场。

三 蜂群的摆放

排列蜂群的方式多样，以蜂群数量、场地大小、蜂种和季节等而定，以方便管理、利于生产和不易引起盗蜂为原则。放置蜂群，要前低后高，左右平衡，用支架或砖块垫底，使蜂箱脱离地面。

（1）散放　根据地形、树木或管理需要，蜂群散放在四周，或加大蜂群间的距离排列蜂群，适合交配群、家庭养蜂和中蜂的饲养（彩图9）。

（2）分组　摆放意蜂等西方蜜蜂，应采取2箱一组排列，前后错开，或依地形放置（彩图10）；各箱紧靠的一字形排列，适于冬季摆放蜂群；在车站、码头或囿于场地，多按圆形或方形排列。在

第四章 基本管理技术

国外，常见巢门朝向东南西北四个方向的 4 箱 1 组的排列方式，蜂箱置于底座上，有利于机械装卸和越冬保暖包装。

> ● 【提示】 转地蜂场，若要组织采集群，则蜂箱紧靠；若要平分蜂群，则蜂箱间距要大，留出新分群位置。交尾群应放在蜂场四周僻静处，蜂路开阔，标志物明显。成排摆放蜂群，每排不宜过长，以防盗蜂。

第二节　蜂群的检查

一　箱外观察

根据蜜蜂的生物学特性和养蜂的实践经验，在蜂场和巢门前观察蜜蜂行为和现象，从而分析和判断蜂群的情况。

（1）蜜源与蜂群　在天气晴朗、外界有蜜源的时期，工蜂进出巢频繁，说明群强，外界蜜源充足。携带花粉的蜜蜂多，说明蜂王产卵积极，巢内幼虫较多，繁殖好。若见采集蜂出入懈怠，很少带回花粉，说明繁殖差，可能是蜂王质量差或蜂群出现分蜂热；如有工蜂在巢门附近轻轻摇动双翅，来回爬行、焦急不安，是蜂群无王的表现。如果有蜜蜂伺机瞅缝隙钻空子进巢，则为蜜源中断的现象。春季巢门前有黑色或白色石灰子样的蜂尸，蜂群则患了白垩病；夏季巢穴中散发出腥味或酸臭味，则蜂群患了幼虫腐烂病；冬季巢门前有蜜蜂翅膀，箱内必有鼠。

（2）受热的蜂群　生产花粉时，蜜蜂进出巢数量大减，或卸蜂时打开巢门，蜜蜂趴在箱内外不动，说明蜜蜂已经受闷，应及时给蜜蜂通风。在运蜂途中蜜蜂急躁，并围堵通风窗，发出"嗤嗤"叫声，散发出刺鼻气味，此时要捅破通风窗，以挽救蜂群。

二　开箱检查

打开蜂箱将巢脾依次提出仔细查看，全面了解蜂群的蜂、子、王、脾、蜜、粉和健康与否等情况，在分蜂季节，还要注意自然王台和分蜂热现象。

（1）**检查时间** 一般在泌蜜期始末、分蜂期、越冬前后和防治病虫害时期，选择气温12℃以上的无风晴朗天气进行。一天当中，泌蜜期要避开蜜蜂出勤高峰时；蜜源缺乏季节在早晚蜜蜂不活动时，并在框梁上盖上覆布，勿使糖汁落在箱外；夏天应在早晚，天冷时则在中午前后；交尾群应在上午进行；对中蜂宜在午后做全面检查。

（2）**操作方法** 人站在蜂箱的侧面，先拿下箱盖，斜倚在蜂箱后箱壁，揭开覆布，用起刮刀的直刃撬动副盖，取下副盖反搭在巢门踏板前，然后，将起刮刀的弯刃依次插入蜂路撬动框耳，推开隔板，用双手拇指和食指紧捏巢脾两侧的框耳，将巢脾水平竖直向上提出，置于蜂箱的正上方。先看正对着的一面，再看另一面。

检查过程中，需要处理的问题应随手解决，检查结束时应将巢脾恢复原状。恢复蜂路时，巢脾与巢脾之间相距10mm左右。最后推上隔板，盖上副盖、覆布和箱盖，然后记录。翻转巢脾时，一手向上提巢脾，使框梁与地面垂直，并以上梁为轴转动180°，然后两手放平，使巢脾

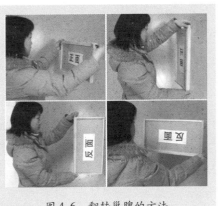

图4-6 翻转巢脾的方法

上梁在下，下梁在上（图4-6），查看完毕，采用相同的方法翻转巢脾，放回箱内，再提下脾进行查看。

在熟练的情况下，或无需仔细地观察卵、幼虫情况时可不翻转巢脾，先看面对的一面，然后，将巢脾下缘前伸、头向前倾看另一面，看完放回箱内。

在检查继箱群时，首先把箱盖反放在箱后，用起刮刀的直刃撬

第四章 基本管理技术

动继箱，使之与隔王板等松开，然后，搬起继箱，横搁在箱盖上。检查完巢箱后，把继箱加上，再检查继箱。

三 注意事项

（1）**养蜂记录** 养蜂记录主要有检查记录、生产记录、天气和蜜源记录、蜂病和防治记录、蜂王基本情况和表现记录、蜂群活动情况和管理措施等，系统地做好记录，是总结经验教训提高养蜂技术和制订工作计划的重要依据，也是蜂产品质量溯源性体系建设的组成部分。

蜜蜂数量是蜂群的主要质量标志，常用强、中、弱表达（表4-1）。开箱检查，根据巢脾数量、蜜蜂稀稠估计蜜蜂数量。在繁殖季节，子脾是群势发展的潜力，在仲春蜂群增殖时期，群势可达到10天增加1倍的发展速度，在夏季1张蛹脾羽化出的蜜蜂所维持的群势，仅相当于春季的1.5框蜂，秋季更少，1脾蛹仅相当于春季的1框蜂，这是夏秋成年蜜蜂寿命短的缘故。

> 【提示】 夏秋蜜蜂寿命长短，与蜂群在这一时期的营养、群势和劳动强度等相关，强群、食物充足的蜜蜂寿命长。

表4-1 群势强弱对照表（供参考）（单位：脾）

蜂种	时 期	强群		中等群		弱群	
		蜂数	子脾数	蜂数	子脾数	蜂数	子脾数
西方蜜蜂	早春繁殖期	>6	>4	4~5	>3	<3	<3
	夏季强盛期	>16	>10	>10	>7	<10	<7
	冬前断子期	>8	—	6~7	—	<5	—
中华蜜蜂	早春繁殖期	>3	>2	>2	>1	<1	<1
	夏季强盛期	>10	>6	>5	>3	<5	<3
	冬前断子期	>4	—	>3		<3	—

（2）**预防蜂蜇** 开箱是对蜂群的侵犯，招惹工蜂被蜇刺是正常的。当蜂群受到外界干扰后，工蜂将蜇针刺入敌体，蜇针连同毒囊一起与蜂体断裂，在蜇器官有节奏的运动下，蜇针继续深入射毒。

1）蜂蜇引起的炎症。蜂蜇使人疼痛，被蜇部位红肿发痒，面部被蜇还影响美观。

有些人对蜂毒过敏，被蜂蜇后，出现面红耳赤、恶心呕吐、腹泻肚疼，全身出现斑疹、躁痒难忍，发热寒战，甚至发生休克。一般情况下，过敏出现的时间与被蜇时间越短，表现越严重，须及时救治。

● 【小经验】 疼痛持续约2min。受伤部位红肿期间勿抓破皮肤。

蜂毒引起的中毒症状是失去知觉，血压快速下降，浑身冷热异常等。

2）被蜇后的处置措施。被蜜蜂蜇后，首先要冷静，心平气和，放好巢脾，然后用指甲反向刮掉螫针，或借衣服、箱壁等顺势擦掉螫针，最后用手遮蔽被蜇部位，再到安全地方用清水冲洗。如果被群蜂围攻，先用双手保护头部，退回屋（棚）中或离开蜂场，等没有蜜蜂围绕时再清除蜂针、清洗创伤，视情况进行下一步的治疗工作。

多数人初次被蜂蜇，局部迅速出现红肿热痛的急性炎症，尤其是蜇在面部，表现更为严重，一般3天后可自愈。对少数过敏者或中毒者，应及时给予氯苯那敏口服或注射肾上腺素，并到医院救治。

图4-7　蜂场设立警告标志

3）预防蜂蜇的办法

① 设隔离区。蜂场设在僻静处，周围设置障碍物，如用栅栏、绳索围绕阻隔，防止无关人员或牲畜进入。在蜂场入口处或明显位置竖立警示牌，以避免事故发生（图4-7）。

② 穿戴防护衣帽。操作人员应戴好蜂帽，将袖口、裤口扎紧，这对蜂产品的生产和蜂群的管理工作是非常必要的，尤其是运输蜂

第四章　基本管理技术

群时的装卸工作，对工作人员的保护更是不可缺少。

③ 注意个人行为。遵循程序检查蜂群，操作人员应讲究卫生，着白色或浅色衣服，勿带异味，勿对蜜蜂喘粗气和大声说话。心平气和，操作准确，不挤压蜜蜂，轻拿轻放，不振动碰撞，尽量缩短开箱时间。忌站在箱前阻挡蜂路和穿戴蜜蜂记恨的黑色毛茸茸的衣裤。

若蜜蜂起飞扑面或绕头盘旋时，应微闭双眼，双手遮住面部或头发，稍停片刻，蜜蜂会自动飞走，忌用手乱拍乱打、摇头或丢脾狂奔。若蜜蜂钻进袖和裤内，将其捏死；若钻入鼻孔和头发内，就及时压死；若钻入耳朵中可压死，也可等其自动退出。在处死蜜蜂的位置，用清水洗掉异味。

④ 用烟镇压。开箱前准备好喷烟器（或火香、艾草绳等发烟的东西），喷烟驯服好蜇人的蜜蜂。

第三节　修、贮巢脾

一　巢脾的修造

新脾巢房大（图4-8），不污染蜂蜜，病虫害也少，培育出的工蜂个头大、身体壮；旧脾巢房小（图4-9），变黑变圆，出生的蜜蜂体小，易滋生虫病。因此，饲养意蜂，每2年更新一次巢脾，中蜂需要年年更换。

图4-8　新脾巢房

图4-9　旧脾巢房

1. 上础

包括钉框→打孔→穿线→镶础→埋线 5 道工序。

(1) 钉框 先用小钉子从上梁的上方将上梁和侧条固定，并在侧条上端钉钉加固，最后用钉固定下梁和侧条。用模具固定巢框，可提高效率（图4-10）。钉框须结实、端正，上梁、下梁和侧条须在一个平面上。

图 4-10　钉框（Elbert 1979）

(2) 打孔 取出巢框，用量眼尺卡住边条，从量眼尺孔上等距离垂直地在边条中线上钻 3 ~ 4 个小孔。

(3) 穿线 按图4-11 所示，穿上24 号铁丝，先将其一头在边条上固定，依次逐道将每根铁丝拉紧，直到每根铁丝用手弹拨发出清脆之音为止，最后将铁丝的另一头固定。

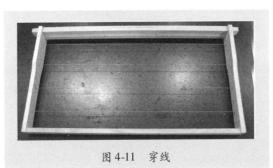

图 4-11　穿线

(4) 镶础 槽框上梁在下、下梁在上置于桌面。先把巢础的一边插入巢框上梁腹面的槽沟内，巢础左右两边距两侧条 2～3mm，上边距下梁 5～10mm，然后用熔蜡壶沿槽沟均匀地浇入少许蜂蜡液（图 4-12），使巢础粘在框梁上。

图 4-12　浇铸蜡液使巢础上沿与础沟粘连（Winter 1980）

> ◐【小经验】　巢础与上梁联结，可将蜡片在阳光下晒软，捏成豆粒大小，双手各拿 1 粒，隔着巢础，从两边对着一点用力挤压，使巢础粘在框梁上，自两头到中间等距离粘连 5 点。

（5）**埋线**　将巢础框平放在埋线板上，从中间开始，用埋线器卡住铁丝滑动或滚动，把每根铁丝埋入巢础中央。埋线时用力要均匀适度，既要把铁丝与巢础粘牢，又要避免压断巢础。如果使用烙铁式埋线器，事先须将烙铁头加热。

电热埋线快速，在巢础下面垫好埋线板，套一巢框，使框线位于巢础的上面。接通电源（6～12V），将 1 个输出端与框线的一端相连，然后一手持 1 根长度略比巢框高度长的小木条轻压上梁和下梁的中部，使框线紧贴础面，另一手持电源的另一个输出端与框线的另一端接通。框线通电变热，约 6～8s（或视具体情况而定）后断开，烧热的框线将部分础蜡熔化并被蜡液封闭粘住（图 4-13）。

> ◐【小经验】　安装的巢础要求平整、牢固，没有断裂、起伏、偏斜的现象，巢础框暂存空箱内备用。

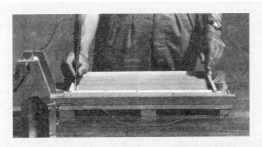

图 4-13 电热埋线（Winter 1980）

2. 造脾

造脾蜂群须保持蜂多于脾，饲料充足，在外界蜜源缺乏季节，须给蜂群喂糖。在傍晚将巢础框插在粉蜜脾与子脾之间或边脾的位置，1 次加 1 张，加多张时，与原有巢脾间隔放置。

巢础加进蜂群后，第二天检查，对发生变形、扭曲、坠裂和脱线的巢脾，及时抽出淘汰，或加以矫正后将其放入刚产卵的新王群中进行修补（图 4-14）。

一张合格的新脾

一张扭曲撕裂的新脾

图 4-14 修正巢脾

> 【提示】 巢础含石蜡量太大、础线压断巢础、适龄筑巢蜂少和饲料不足都会使新脾变形。

二 巢脾的保存

主要蜜源花期结束，或自秋末到次年春天，从蜂群中抽出多余的巢脾须妥善保存，防止发霉、积尘、虫蛀、老鼠破坏和盗蜂，贮藏地点要求没有污染，清洁、干燥、严密。

（1）分类与清洁 除作饲料脾外，把抽出巢脾的蜂蜜摇出，返还蜂群，让蜜蜂舐吸干净，然后再抽出。将旧脾和病脾分别化蜡，能利用的巢脾用起刮刀把框梁上的蜡瘤、蜂胶清理干净，削平巢房，分类装入继箱或放进特设的巢脾贮存室。

（2）消毒与杀虫 见第七章。

第四节 蜂群的饲喂

蜜蜂的食物是蜂王浆、液体饲料和花粉，饮水也不可少。

一 喂液体饲料

（1）喂蜂形式 给蜂喂糖有奖励喂蜂和补助喂蜂两种形式。

奖励喂蜂是以促进繁殖、采粉或取浆为目的，每天或隔天喂1:0.7的糖水或更稀薄的糖水250g左右，以够吃不产生蜜压卵圈为宜。如果缺食，先补足糖饲料，使每个巢脾上有0.5kg糖蜜，再进行补偿性奖励饲喂，以够当天消耗为准，直到采集的花蜜略有盈余为止。早春喂糖，如果蜂数不足，应用糖脾来制约蜂群繁殖速度。

补助喂蜂是以维持蜜蜂生命为目的，在3~4天内喂给蜂群大量糖浆，使蜂群渡过难关。

（2）制作糖水 先将7份清水烧开，再加入白糖10份，搅拌溶化，并加热至锅响为止。

（3）喂蜂方法 奖励饲喂（如早春喂蜂）采用箱内放置塑料盒，一端喂糖浆，一端喂水。补助饲喂（如喂越冬饲料）时，采用大塑料盒，置于隔板外侧，一次喂蜂2.5kg左右；若蜂箱内干净、不漏液体，也可以将蜂箱前部垫高，傍晚把糖浆直接从巢门倒入箱内喂蜂。

（4）注意事项 禁用劣质、掺假、污染的饲料和果葡糖浆喂蜂。用大蒜0.5kg压碎榨汁，加入50kg糖浆中喂蜂，可预防美洲和欧洲幼虫腐臭病、孢子虫病和爬蜂病。在1 000mL糖浆中加4mL食醋，也可预防孢子虫病。

二 喂花粉

喂粉是给蜂群补充蛋白质、促进繁殖，在蜜源植物散粉前20天开始喂粉，早春宜喂花粉脾，每脾贮存花粉 300～350g，到主要蜜源植物开花并有足够的新鲜花粉采进箱时为止。

（1）**喂花粉脾**　将贮备的花粉脾喷上少量稀薄糖水，直接加到蜂巢内供蜜蜂取食。

（2）**做花粉脾**　把花粉团用水浸润，加入适量熟豆粉和糖粉，充分搅拌均匀，形成松散的细粉粒，用椭圆形的纸板（或木片）遮挡育虫房（巢脾中下部）后，把花粉装进空脾的巢房内，一边装一边轻轻揉压，使其装满填实，然后用蜜汁淋灌，渗入粉团。用与巢脾一样大小的塑料板或木板，遮盖做好的一面，再用同样方法做另一面，最后加入蜂巢供蜜蜂取食。

花粉占 70% 以上，豆粉占 30% 以下。

●【提示】　春季蜂群繁殖不得饲喂豆粉。

（3）**喂花粉饼**　将花粉闷湿润，加入适量蜜汁或糖浆，充分搅拌均匀，做成饼状或条状，置于蜂巢幼虫脾的框梁上，上盖一层塑料薄膜，吃完再喂，直到外界粉源够蜜蜂食用为止（图4-15）。虞美人花粉虽能促进蜜蜂繁殖和抵抗疾病，但它

图 4-15　喂花粉饼

却使蜜蜂寿命缩短，在没有充足的新鲜花粉采进时停止饲喂，将使蜂王的产卵量急剧下降。

●【提示】　早春，如果长期低温严寒，蜜蜂不吃花粉就停喂。

（4）**消毒花粉**　把 5～6 个继箱叠在一起，每 2 个继箱之间放纱盖，纱盖上铺放 2cm 厚的蜂花粉，边角不放，利于透气，然后，把整个箱体封闭，在下燃烧硫黄，3～5g/箱，间隔数小时后再熏蒸 1 次。密闭 24h，晾 24h 后即可使用。

三 喂水

春季在箱内喂水，用脱脂棉连接水槽与巢脾上梁，并以小木棒支撑，让蜜蜂取食。每次喂水够3天饮用，间断2天再喂，水质要好。

春秋在蜂场周围放置饲水槽，每天更换饮水。

四 喂蜂王浆

春季蜂多于脾，夏秋蜂脾相称，可保证蜜蜂幼虫得到充足的蜂王浆（蜂乳）食物。

第五节　蜂群的转运

根据生产或管理需要，按开花先后以放蜂路线将养蜂场地贯穿起来。长途转地放蜂，一般从春到秋，从南向北逐渐赶花采蜜，最后再一次南返。现在运输蜂群，多用汽车，方便快捷。

一 运前准备

1. 选择场地

先选定蜜源，再遴选搁蜂场地，凡是在人口密集、水道或风口上的地方，都不宜搁蜂。

2. 蜂群准备

（1）调整蜂群　一个继箱群放蜂不超过14脾，上7下7，封盖子3～4框，多余子脾和蜜蜂调给弱群；一个平箱群有蜂不超过8脾，否则应加临时继箱。

群势大致平衡后，继箱群的巢箱放小子脾，卵虫脾居中，粉蜜脾依次靠外，继箱放老子脾，巢、继箱内的巢脾全向箱内一侧或中间靠拢。平箱群的巢脾顺序不变。

（2）饲料要求　每框蜂有0.5kg以上的成熟蜂蜜，忌稀蜜运蜂，还要有一定量的粉脾。

在装车前2h，给每个蜂群喂水脾1张，并固定。或在装车时从巢门向箱底打（喷）水2～3次，在蜂箱盖或四周洒水降温。

3. 包装蜂群

运输蜂群，须固定巢脾与连接上下箱体，防止巢脾碰撞压死蜜蜂，装车、卸车方便。这项工作在启运前 1～2 天完成。

（1）固定巢脾 以牢固、卫生、方便为准。

1）用框卡或框卡条固定。在每条框间蜂路的两端各楔入一个框卡，并把巢脾向箱壁一侧推紧，再用寸钉把最外侧的隔板固定在框槽上。或用框卡条卡住框耳，并用螺钉固定（图 4-16）。

2）用海绵条固定。用特殊材料制成的具有弹（韧）性的海绵条，置于框耳上方，高出箱口 1～3mm，盖上副盖、大盖，以压力使其压紧巢脾不松动。与挑绳相结合使用。

图 4-16 用框卡条固定巢脾
（引自 www.dadant.com）

（2）连接箱体 用绳索等把上下箱体及箱盖连成一体。用海绵压条压好巢脾后，紧绳器置于大盖上，挂上绳索，压下紧绳器的杠，即达到箱体连接和固定巢脾的目的，随时可以挑运。

4. 运输工具

运输蜜蜂的汽车，必须车况良好，干净无毒，车的吨位和车厢大小与所拉蜂量和蜂箱装车方法（顺装或横装）相适应。蜂车起程后尽量走高速公路，在条件许可的情况下，可与车主签订运蜂合同，明确各方义务和责任。运蜂车辆必须无毒，总高度不得超过 4.5m。

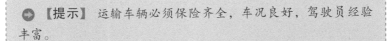

⇒ 【提示】 运输车辆必须保险齐全，车况良好，驾驶员经验丰富。

■ **二 装车起运**

在主要蜜源花期首尾相连时，应舍尾赶前，及时赶赴新蜜源的始花期。应避免处女蜂王出房前或交尾期运蜂，忌在蜜蜂采集兴奋期和刚采过毒时转场。

1. 关巢门运蜂装车

打开箱体所有通风纱窗，收起覆布，然后在傍晚大部分蜜蜂进巢后关闭巢门（若巢门外边有蜂，可用喷烟或喷水的方法驱赶蜜蜂进巢）。每年1月份，北方蜂场赶赴南方油菜场地繁殖蜜蜂，弱群折叠覆布一角，强群应取出覆布等覆盖物。

关门运蜂适合各种运输工具。蜂箱顺装，汽车开动，使风从车最前排蜂箱的通风窗灌进，从最后排的通风窗涌出。

2. 开巢门运蜂装车

必须是蜂群强、子脾多和饲料足，取下巢门档开大巢门，适合繁殖期运蜂。

（1）装车时间 白天下午装车。

（2）装蜂准备 装卸人员穿戴好蜂帽和工作服，束好袖口和裤口，着带腰的胶鞋。在蜂车附近燃烧秸秆产生烟雾，使蜜蜂不致追蜇人畜。另外，养蜂用具、生活用品事先打包，以便装车。

（3）装车操作 装车以4个人配合为宜，1人喷水（洒水），每群喂水1kg左右，2人挑蜂，1人在车上摆放蜂箱。蜂箱横装，箱箱紧靠，巢门朝向车厢两侧。蜂箱顺装（适合阴雨低温天气或从温度高的地区向温度低的地区运蜂），箱箱紧靠，巢门向前。最后用绳索挨箱横绑竖捆，捆紧蜂箱。

国外养蜂，四箱一组置于托盘之上，使用叉车装卸节省劳力（图4-17，图4-18）。

图4-17 叉车装车
（引自 www.honeybeeworld.com）

图4-18 捆绑蜂车
（引自 www.honeybeeworld.com）

3. 开车起运的时间

蜂车装好后，如果是开巢门装车运蜂，则在傍晚蜜蜂都上车后再开车起运。如果是关巢门装车运蜂，捆绑牢固后就开车上路。黑暗有利于蜜蜂安静，因此，蜂车应尽量在夜晚前进，第二天中午前到达，并及时卸蜂。

三 途中管理

1. 汽车关巢门运蜂途中管理

运输距离在 500km 左右，傍晚装车，夜间行驶，黎明前到达，天亮时卸蜂，可不喂水，途中不停车，到达场地，蜂群卸下摆到位置，及时开启巢门，盖上覆布、大盖。

若需白天行驶，避免白天休息，争取中午前到达，以减少行程时间和避免因蜜蜂骚动而闷死蜜蜂。遇白天道路堵车应绕行，其他意外不能行车应当机立断卸车放蜂，傍晚再装运。

8~9月份从北方往南方运蜂，途中可临时放蜂；11月份至第二年1月份运蜂，提前做好蜂群包装，途中不喂蜂、不放蜂，不洒水，关巢门，视蜂群大小折叠覆布一角或收起，避免剧烈振动。卸下蜂群，等蜜蜂安静后或在傍晚再开巢门。

> 【提示】 运输途中，严禁携带易燃易爆和有害物品，不得吸烟生火。注意装车不超高，押运人员乘坐位置安全，按照规定进行运输途中作业，防止意外事故发生。

2. 汽车开巢门运蜂途中管理

如果白天在运输途中遇堵车等原因，蜂车停住，或在第二天中午前不能到达场地，应把蜂车开离公路，停在树阴下，待傍晚蜜蜂都飞回蜂车后再走。如果蜂车不能驶离公路，就要临时卸车放蜂，蜂箱排放在公路边上，巢门向外（背对公路），傍晚再装车运输。

临时放蜂或蜂车停住，应对巢门洒水，否则其附近须有干净的水源，或在蜂车附近设喂水池。

四 卸车管理

到达目的地，将蜂车停稳后，即可解绳卸车，或对巢门边喷水边卸车，尽快把蜂群安置到位。

关巢门运蜂，蜂群安置到位后向巢门喷水（勿向纱盖喷水），待蜜蜂安静后，即可打开巢门。如果蜂群不动，有闷死的危险，则应立刻打开大盖、副盖，撬开巢门。

开巢门运蜂，如果运输途中停过车，蜜蜂偏集到周边的蜂箱里，在卸车时，须有目的地3群一组，中间放中等群势的蜂群，两边各放1个蜂多的和蜂少的蜂群，第二天，把左右两边的蜂群互换箱位，平衡群势。

在养蜂生产中，开巢门运蜂可保障蜜蜂不会闷死，不会影响蜜蜂卵、幼虫、蛹的发育，并且蜂王产卵正常，群势下降不明显。在炎热的夏季，用汽车远距离开巢门运蜂，与关巢门运蜂相比，可使产值增加30%左右，工蜂体色正常，寿命正常。

第六节　其他日常管理

一　合并蜂群

把2群或2群以上的蜜蜂全部或部分合成1个独立的生活群体叫合并蜂群。

蜂群的生活具有相对独立性，每个蜂群都有其独特的气味——群味，蜜蜂凭借灵敏的嗅觉，能准确地分辨出自己的同伴或其他蜂群的成员，因此，将无王的蜜蜂合并到有王群中，混淆群味是成功合并蜂群的关键。

（1）操作程序　取1张报纸，用小钉扎多个小孔。把有王群的箱盖和副盖取下，将报

图4-19　报纸法合并蜂

纸铺盖在巢箱上，上面叠加继箱，然后将无王群的巢脾放在继箱内，盖好蜂箱即可（图4-19）。一般10h左右，蜜蜂将报纸咬破，群味自然混合，2日后撤去报纸，整理蜂巢。

（2）**注意事项**　合并蜂群的前 1 天，彻底检查被合并群，除去所有王台或品质差的蜂王，把无王群并入有王群，弱群并入强群。相邻合并，傍晚进行。

二　防止盗蜂

盗蜂是指蜜蜂进入别的蜂群或贮蜜场所采集蜂蜜。主要起因是外界缺乏蜜源、蜂群群势悬殊、中蜂与意蜂同场饲养或蜂场相距过近、同一蜂场蜂箱摆放过长（大）以及蜂箱巢门过高、箱内饲料不足、管理不善等，另外，喂水和阳光直射巢门等也易引发盗蜂（图4-20）。

一旦发生盗蜂，轻者受害群的生活秩序被打乱，蜜蜂变得凶暴；重者受害群的蜂蜜被掠夺一空，工蜂大量伤亡；更严重者，被盗群的蜂王被围杀或举群弃巢飞逃，若各群互盗，全场则有覆灭的危险。另外，作盗群和被盗群的工蜂都有早衰现象，给后来的繁殖等工作造成影响。

（1）**识别盗蜂**　刚开始，盗蜂在被盗群周围盘旋飞翔，寻缝乱钻，企图进箱，落在巢门口的盗蜂不时起飞，一味"逃避"守卫蜂的"攻击"和"检查"，一旦被对方咬住，双方即开始斗杀，如果进入巢内，就上脾吸饱蜂蜜，然后匆忙出巢，在被盗群上空盘旋数圈后飞回原群。盗蜂回巢后将信息传递给其他工蜂，遂率众前往被盗群强盗搬蜜。凡是被盗群，箱周围蜜蜂麇集，秩序混乱，并伴有尖锐叫声，地上蜜蜂抱团撕咬（图4-21），有爬行的，有乱飞的。有

图4-20　中蜂攻不入意蜂巢穴，选择拦截回巢的意蜂勒索食物　　图4-21　中蜂和意蜂之间的战争

些弱群的巢门前虽然不见工蜂拼杀，也不见守卫蜂，但蜜蜂突然增多，外界又无花蜜可采，这表明已被盗蜂征服。

> ◐ 【提示】 作盗的中蜂被意蜂抓获，逃脱不了就被杀死，这是中蜂和意蜂同场饲养中蜂群势下降的原因之一。

（2）预防盗蜂 选择有丰富、优良蜜源的场地放蜂，常年饲养强群，留足饲料。在繁殖越冬蜂前喂足越冬饲料，抽饲料脾给弱群，饲料尽量选用白糖。重视蜜、蜡保存。蜜源缺乏时看蜂趁一早一晚，并用覆布遮盖暴露的蜂巢。降低巢门高度（6～7mm）。中蜂和意蜂不同场饲养，对盗性强和守卫能力低的蜂种进行改造。相邻两蜂场应距 2km 以上，忌场后建场，同一蜂场蜂箱不摆放过长。

> ◐ 【提示】 预防盗蜂，平时做到蜜不露缸、脾不露箱、蜂不露脾，场地上洒落蜜汁应及时用湿布擦干或用泥土盖严，取蜜作业在室内进行，结束后洗净摇蜜机。

（3）制止盗蜂

1）保护被盗群。初见盗蜂，立即降低被盗群的巢门，并用清水冲洗，然后用白色透明塑料布搭住被盗群的前后，直搭到距地面 2～3cm 高处，待盗蜂消失再撤走塑料布。

2）处理作盗群。如果一群盗几群，就将作盗群搬离原址数十米，原位置放带空脾的巢箱，收罗盗蜂，2 天后将原群搬回。如有必要，于傍晚在场地中燃火，消灭来投的盗蜂。

3）搬迁蜂场。全场蜂群互相偷抢，一片混乱，应当机立断，将蜂场迁到 5km 以外的地方，分散安置，饲养一个多月后再搬回。

三 防止工蜂产卵

蜂群无王的情况下，部分工蜂卵巢发育，并向巢房中产下未受精卵（图4-22，图4-23），这些卵有些被工蜂清除，有些发育成雄蜂，如果任其自然发展下去，蜂群将会灭亡。

 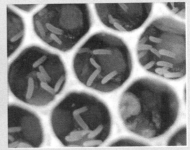

图 4-22　蜂王产的卵（一房一卵）　　图 4-23　工蜂产的卵（一房多卵）

　　预防措施是及时发现无王蜂群，导入新蜂王。

　　一旦发现工蜂产卵，将蜜蜂分散合并，巢脾化蜡。

— 第五章 —
周年管理措施

第一节　繁殖期管理

一　春季繁殖管理

（1）选择场地　选择向阳、干燥，有榆树、杨树、柳树和油菜等早期蜜源的地方摆放蜂群，2 箱 1 组或连着放，但不宜过长，前后排间隔不超过 3m。蜂路开阔，避开风口。在南方多风的地方，蜂群摆放还要求地势不高不低，雨天能够排水。

（2）促蜂排泄　蜂群进场后，或越冬室的蜂群搬到场地摆放好后，选择中午气温在 10℃ 以上的晴暖无风天气，10～14 点掀起箱盖，使阳光直照覆布，提高巢内温度，若同时喂给蜂群 100g 50% 的糖水，更能促使蜜蜂出巢排泄。

促蜂排泄的时间，在河南宜选在立春前后，即在早期蜜源开花之前半个月左右，对患下痢病的蜂群应提前到 20 天。

> **●【提示】**　在第一次排泄时要用 V 形钩从巢门摘出死蜂。蜜蜂排泄后若不及时繁殖，应对巢门遮光或将蜂王关起来。

（3）调整蜂群　蜜蜂排泄飞翔后，及时开箱用王笼把蜂王关起来（与后面治螨结合），吊在蜂团的中央，同时抽出多余的巢脾，使蜂脾相称。对患病（如下痢）蜂群，使蜂多于脾；对缺蜜的蜂群，在傍晚补给蜜脾。

（4）**防治蜂螨** 蜂群排泄后，选好天气治螨，同时将经过消毒的空箱与原蜂箱调换，换入适合产卵的粉蜜脾。早春繁殖用的巢脾以无雄蜂房的黄褐色巢脾为宜。在蜂王刚产卵时，选晴暖天气的午后，对全场蜂群治螨 2 次。一般用杀螨剂喷脾或用"两罐雾化器"（图 5-1）对箱内空处喷雾，使用时，将药液（1 份杀螨剂 + 6 份煤油）雾化，对准箱内空间喷 3 下，关闭巢门 10min。

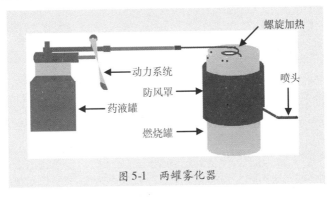

图 5-1　两罐雾化器

群内有封盖子的须用螨扑防治。在治螨前 1 天用糖水 1kg 喂蜂，或用 500g 糖水连喂 2 ~ 3 次，防治效果更好。

> ● 【提示】 春繁开始时治螨，群势小，蜂螨抵抗力弱，治螨省工、效果好。

（5）**繁殖时间** 完成上述工作后，关王的蜂群要及时放王繁殖。如南方转地蜂场在 1 月中旬、定地蜂场在 2 月上旬开始；东北在 3 月中旬。计划在第一个主要蜜源开花前分蜂的场早一些，不分蜂的场晚一些；在河南，蜂群春季繁殖的时间宜在二十四节气中的雨水前后。

（6）**紧脾升温** 早春繁殖，每群蜂数在华北、东北和西北要达到 3 ~ 5 足框，华中地区须有 2 足框以上蜜蜂。把蜂脾比调整为 1.5:1 ~ 3:1，使蜂多于脾，同时放宽蜂路。群势越小的蜂群，蜜蜂越需密集，而达到 7 框以上蜜蜂的蜂群，可以蜂脾相称繁殖。蜂巢只放 1 张巢脾的蜂群，脾上须有 0.5kg 以上的糖浆和约 250g 的花粉饲料；放 2 张巢脾的蜂群，其中之一应是粉蜜脾，另 1 张为半蜜脾；放 3 张巢脾的蜂群，1 张为全蜜脾，2 张为粉蜜脾。饲料不够，应及时补充，防止蜜蜂饥饿；对于弱小蜂群，可采取双群同箱饲养，分别巢门出入，达到相互取暖的目的。

在早春 1 只越冬蜂分泌的蜂王浆仅能养活 1 条小幼虫（蜜蜂），即 3 脾蜂养活 1 脾子，按蜂数放脾，控制繁殖速度。

> **【小经验】** 巢门向南的蜂群，刮东北季风开右巢门，刮西风开左巢门，不顶风开巢门。

(7) 保温处置 群势强的蜂群，不需要特殊保温，只需用覆布盖严上口、副盖上加草帘即可。对于群势弱的蜂群，用干草围着蜂箱左右箱壁和后箱壁，箱低垫实，再用干草等物轻填箱内空隙，草帘置于副盖上，并留通气孔，以利于蜂巢内空气流通。

使用隔光、保温的罩衣盖蜂效果更好（图 5-2）。罩衣由表层的银铂返阳光膜、红色冰丝、炭黑塑料蔽光层和红塑料透明层组成，层层透气、遮挡阳光，并可在上洒水。具有蔽光、保温和透气等功能。用于预防和制止盗蜂，保持温度和黑暗，防止空飞，延长蜜蜂寿命，避免农药中毒等管理。根据具体情况，决定关蜂和放蜂时间、排泄时间、是否洒水等。在 32℃ 以上高温期，罩蜂超过 6h 的，须加强通风。

图 5-2　罩衣——天气寒冷盖好蜂垛，天气温暖进行管理

●【常见误区】保温越好，繁殖越快。现实是保温越好蜂病越多。繁殖越快，产量越高。现实是繁殖越快产量反少。

（8）奖励喂蜂 工蜂泌乳所需要的营养和大幼虫的食物，则从花粉和蜂蜜中来。

1）喂糖。如果饲料充足，每天或隔天喂 1∶0.7 的糖水 250g 左右，以够吃不产生蜜压卵圈为宜。采取箱内塑料盒饲喂，一端喂糖浆，一端喂水。

用灌糖脾喂蜂的量不宜过大，防止蜂巢温度急剧下降和蜜蜂死亡。有寒流时多喂浓一点的糖浆或加糖脾，以防拖虫。禁用劣质、掺假或污染的饲料喂蜂。不喂锈桶盛装的蜂蜜，否则蜜蜂爬出箱外，若处置失当，将会全场覆没。另外，在蜂数不足的情况下，糖饲料必须充足。

2）喂粉。在蜜源植物散粉前 20 天开始喂粉，早春宜喂花粉脾，每脾贮存花粉 300 ~ 350g，到主要蜜源植物开花并有足够的新鲜花粉进箱时为止。喂花粉的方法主要有花粉脾、花粉饼等。

●【小经验】茶花粉新鲜，虞美人花粉促进繁殖，喂粉必须到蜂群采集到足够的新鲜花粉时才能停止。

3）喂水。春季在箱内喂水。

（9）扩大蜂巢 按蜂加脾，原则是开始繁殖时蜂多于脾，繁殖中期蜂脾相称，繁殖盛期蜂略少于脾，生产开始时蜂脾相称。前期加脾要稳，新老蜜蜂交替时期要压，发展期要快，群势达到 8 框蜂时即可撤保温物上继箱。

1）多脾繁殖加脾。前期繁殖，在子脾面积达 90%，蜂群有保温、育虫能力和隔板外堆积蜜蜂的情况下，紧靠隔板内位置加入巢脾。中后期繁殖，蜜源多、温度高，可 3 天加 1 张脾，但蜂与脾的比例相称或略小，争取做到产 1 粒卵得 1 只蜂的效果。在巢脾数达到 8 ~ 9 框时暂停加脾，使工蜂逐渐密集，为加继箱蓄积力量，或以强补弱，促进小群的发展。加脾于边脾位置，若采回的蜜粉多，而蜂数不足时，应加脾在隔板外侧，蜂数够后再调到隔板内侧。连续加脾要求饲料足、保温好、子脾大。

2）单脾繁殖加脾。单脾开始春繁的蜂群，在第一张子脾封盖时即加第二张脾，注意饲喂，防止饥饿。开始向蜂巢加育过几代子的黄褐色优质巢脾（图5-3），外界有蜜粉源时加新脾，大量进粉时加巢础框造脾。早

图5-3　饲料充足时加黄褐色巢脾

期、阴雨连绵或饲料不足时加蜜粉脾，蜜多加空脾。

3）蜂少于脾繁殖加脾。早春繁殖时则应增加糖饲料，以调节子圈大小，同时，只有新蜂完全代替了隔年蜜蜂或蜂多于脾后，才能向蜂群加脾，扩大蜂巢。

（10）防止空飞　在春季日照长的地区春繁，若外界长期无粉可采，应对蜂群进行遮盖，并注意箱内喂水。

（11）造脾生产　当春季蜂群发展到6框蜂时即可生产花粉，预防粉压子圈（图5-4），同时加础造脾2张。发展到8框以上，蜂王浆生产也将开始，在蜂数接近满箱暂缓加脾的同时，如果不取浆或脱粉，对个别采

图5-4　粉压子圈

蜜多的蜂群要进行蜂蜜生产。生产花粉不得影响繁殖，在植物大泌蜜时停止生产花粉；蜂王浆的生产从此开始，直到全年蜜源结束为止。养蜂生产，在河南一般从4月初开始，长江流域及以南地区在3月，东北椴树蜜生产在7月。

（12）平衡群势　由于蜂群发展的不平衡，势必影响管理、生产的同步进行。因此，在蜂群达到 9 框足蜂时，根据蜜源情况，要及时把有新蜂出房的老子脾带蜂补给弱群，弱群的卵虫脾调给强群，以达到预防自然分蜂、共同发展的目的，但调子调蜂以不影响蜂群发展、不传播疾病和蜂能护子为原则。

（13）春季养王　蜂场每年都要尽早在第一个主要蜜源期培育、更换蜂王，种蜂的获得可以自己选育，也可以购买。其工作程序是准备雄蜂→选择母群→移虫→哺育王台→组织交配→导入王台→蜂王交配→蜂王产卵→导入生产蜂群。在河南省，春季养王时间宜在 4 月初进行。

（14）灾害天气条件下蜂群管理　早春繁殖时，连续低温不超过4 天，应多喂浓糖浆；在 4～7 天之间，不喂蜂；超过 7 天即是灾害天气，灾害天气条件下蜂群繁殖应采取如下措施：

1）疏导。利用有限的好天气条件（10℃以上），促蜂排泄。

> 💠【提示】　低温天气是指蜜蜂不能正常飞行。

2）降温。撤去保温包装物，折叠覆布，增加通风面积，降低巢温使蜜蜂安静。如果蜜蜂还活动飞翔，则开大巢门，继续降低巢温，直到蜜蜂不再活动为止。

3）控制饲料。以维持蜜蜂生命为原则进行饲料控制。

① 如果蜂群中糖饲料充足，就不喂蜂。如果缺糖，就饲喂贮备的糖脾。如果没有糖脾，就将蜂蜜对 10%～20% 的水并加热，然后灌脾喂蜂。如果既没有糖脾，也没有蜂蜜，就喂浓糖浆，糖水比为1:0.7～1:0.5，加热使糖粒完全溶化，再降温至 40℃左右灌脾喂蜂。喂糖浆时，可在糖浆中加入 0.1%～0.2% 的蔗糖酶或 0.1% 的酒石酸（或柠檬酸），防止糖浆在蜂房中结晶。

> 💠【提示】　此时喂糖注意事项：第一，一次喂够，不得连续饲喂、多喂，以够吃维持生命为限；第二，喂蜂时，不得引起蜜蜂飞翔。

② 如果蜂巢中有较充足的花粉，采取既不抽出，也不喂的措施；如果蜂群缺粉，喂花粉饼，蜜蜂停止取食时停喂。

③ 保持蜂群饮水。

二 夏季繁殖管理

1. 长江以北夏季繁殖

6~8月，在长江以北地区，枣树、芝麻、荆条、椴树、棉花、草木樨、向日葵等开花泌蜜，是养蜂的生产季节，蜂群经过繁殖，其群势达到了生产要求。

（1）场地要求 阴凉通风，蜜源丰富，饮水充足、洁净。

（2）蜂群标准 新王，蜂群健康。蜂脾比例达到1:1以上，繁殖箱体，以生产蜂王浆为主的放7~8巢脾，以生产蜂蜜或花粉为主的放5~6脾，适当放宽蜂路。

（3）遮阳防暑 做好蜂群降温增湿工作，加宽巢门，盖好覆布。无树林遮阳的蜂场，可用黑色遮阳网或

图5-5 将树枝置于蜂箱顶遮阳

秸秆树枝置于蜂箱上方，阻挡阳光照射蜂巢（图5-5）。

（4）依势繁殖 蜜源丰富适当加础造脾，蜜源缺少抽出新脾。如果遭遇花期干旱等造成泌蜜不畅，蜂群繁殖区巢脾要少放，蜂数要足，及时补充饲料。新脾抽出或靠边放。

（5）蜂病防治 预防农药中毒，防治大小蜂螨。

2. 长江以南夏季繁殖

6~8月，长江以南地区，气温高，持续时间长，多数地区蜜粉源稀少，蜂群繁殖差甚至中断。这些地区的夏季繁殖以更新蜜蜂越过夏季为目的。也有部分地区，蜜源丰富，则繁殖兼顾生产。

无论更新蜜蜂、断子或繁殖生产，对蜂群都要遮阳、喂水，保持食物充足，清除胡蜂，防止盗蜂、中毒，合并弱群，防治蜂螨。

三 秋季繁殖管理

在南方以繁殖秋季蜜源采集蜂为主，兼顾培育适龄越冬蜂，其

方法和措施参考春季繁殖进行。在北方以繁殖适龄越冬蜂为主，部分山区兼顾培育野菊花蜜源采集蜂，方法措施如下：

1. 繁殖时间

在中原地区，8月下旬开始，继箱蜂群上5脾下5~6脾或单箱蜂群8脾繁殖越冬蜂，平原地区9月20日前后结束，山区稍晚，利用好葎草、冬瓜、栾树、茵陈、菊花粉对越冬蜂的培养，并喂好越冬饲料。

2. 管理措施

（1）**防治蜂螨**　繁殖越冬蜂前防治蜂螨，可以结合育王断子治螨，也可以挂螨扑片防治。

（2）**奖励饲喂**　每天喂蜂多于消耗，喂到9月底结束（子脾全部封盖）。

（3）**适时关王**　繁殖越冬蜂历时20天左右，及时用王笼将蜂王关闭起来（图5-6），吊于蜂巢前部（中央巢脾前面框耳处），淘汰老劣王。

图5-6　将蜂王囚禁在笼子里

（4）**贮备饲料**　秋末贮备的饲料，除蜜蜂冬季食用外，还供春季繁殖用。继箱体繁殖越冬蜂时，在奖励饲喂前喂至7~8成，奖励饲喂结束时喂足。单箱体繁殖越冬蜂的，在子脾将出尽时喂足，或新蜂全部羽化时换入饲料脾。

越冬饲料小糖脾的形成，是在喂越冬饲料时缩小蜂路，使整个蜜脾封盖。

➡ 【小经验】1脾越冬蜂平均需要糖饲料，在东北和西北地区2.5~3.5kg，华北地区2~3kg，转地蜂场1~1.5kg，同时须贮存一些蜜脾，以备急用。

（5）**冬前治螨**　越冬蜂全部羽化出房后，利用杀螨剂喷雾治螨

2次，治螨后及时把蜂王从笼中放出。

（6）减少空飞 不论是在外转地还是在家定地秋繁的蜂场，在喂足越冬饲料后，如果条件允许，都应及时把蜂群搬到阴凉处，巢门转向北方，折叠覆布，放宽蜂路，减少蜜蜂活动。或者将秸秆放在箱上，对蜂群进行遮阳避光。

养蜂场地要避风防潮，注意防火。

第二节 生产期管理

蜂群经过一段时间的繁殖，由弱群变成生机勃勃的强群（图5-7），外界温度适宜，蜜源丰富，蜂群的管理任务由繁殖转向生产，同时蜂群也具备了群体繁殖——自然分蜂的基本条件了。根据多年的气象资料（蜂场日志）和养蜂的实践经验对天气大致预测，趋利避害，视蜜源的多寡和价值选择场地。蜂群更是人能控制的，养好蜂，还要用好蜂，维持强群，保持蜜蜂的工作积极性，以增加蜜、浆、蜡等的产量。

图5-7 工蜂数量大的较强蜂群

强群是指蜜蜂健康和生产力高的蜂群，不同地区或不同生产要求，强群的标准不一样。在美国、澳大利亚和加拿大等国家，采用多箱体养蜂，群势达到20框蜂为强群，我国多采用深继箱生产蜂蜜，群势达到12～15框即算是强群，而生产蜂花粉时，8～9框蜂就是强群。对产生分蜂热或其他原因造成生产力、抗逆力差的蜂多脾多的蜂群，仅算是大群而已。强群单位群势的产蜜量一般比弱群高出30%～50%。

这里仅介绍生产蜂蜜过程的蜂群管理，其他产品的生产管理见第九章。

蜂蜜收成的好坏，主要取决于天气、蜜源和蜂群。

1. 培育适龄工蜂

适龄采集蜂是指个体器官发育到最适合出巢采集的健康工蜂。在采集活动季节，工蜂的寿命约 28～35 天，并按日龄分工协作，14～21 日龄的工蜂多从事花粉、花蜜、无机盐的采集，在 21～28 日龄时采集力达到高峰。工蜂这种按日龄分工协作的规律，随着群势和蜂巢内、外环境的变化，可提前也可延后。

所以，为一个特定蜜源花期培育适龄采集蜂的时间，在植物开花前 45 天到泌蜜结束前 30 天较为适宜。培育足够量的适龄采集蜂，蜂群要有一定的群势基础，还要兼顾采蜜结束后的繁殖与生产。适龄采集蜂的培育可参照春季繁殖进行。

在早春，蜂群开始繁殖时距主要蜜源生产期如有 8～10 周的时间，则蜂群适龄蜂出现的高峰易与泌蜜期相吻合；若少于 8 周，则应加强管理，采取措施组织生产蜂群；若多于 12 周，往往主要泌蜜期未到，蜂群就会产生分蜂热趋势，这时要控制群势的发展，比如强、弱群互换子脾以达到共同发展的目的，或结合养王、分出小群组成主、副群饲养，待泌蜜期到来再组成强群生产。

如果泌蜜期短，后面又没有连续的大蜜源，在泌蜜前可结合养王断子，集中力量采蜜；若主要泌蜜期较长或与后续的主要蜜源接连，并且价值又较大，则应为蜂群创造条件，加强繁殖；转地蜂场，要边生产边繁殖，采蜜群势要符合转运要求。

2. 组织强群采蜜

（1）**蜂群标准** 生产蜂蜜要求新王、强群和健康的蜂群。全面检查，对有 12 框以上蜜蜂、8～9 张子脾的蜂群，在巢、继箱之间加上隔王板。生产兼顾繁殖的，上面放 4～5 张大子脾，下面放 7～8 张优质巢脾供蜂王产卵，巢脾上下相对；如果蜜源植物花期长，且缺花粉，则巢、继箱放脾数相反；植物花期较短，大泌蜜前又断子的蜂群，巢、继箱之间可不加隔王板。

对达不到 12 脾以上蜂蜜的蜂群，可采取下述补救措施，使其成为 1 个较强的生产群。

（2）**调整蜂群**　距离植物开花泌蜜20天左右，将副群或大群的封盖子脾调到近满箱的蜂群；距离开花泌蜜10天左右，应给近满箱的蜂群补充新蜂正在羽化的老子脾。抽出子脾的副群组成双群同箱繁殖，若泌蜜期不超过30天，则每个小群留下3框蜂和1个小子脾即可；若泌蜜期超过30天或有连续蜜源，则小群应保留5框蜂为宜，为以后的生产贮备力量。

（3）**集中飞翔蜂**（主、副群饲养）　蜂群到达场地，分组摆放，主、副群搭配（定地蜂场在繁殖时即做这项工作），以具备新蜂王的较大群作为主群，较小群作为副群，主要蜜源开花泌蜜后，搬走副群，使外勤蜂投奔到主群，根据群势加脾扩巢。

3. 管理生产蜂群

泌蜜开始即组织强群投入生产，泌蜜期中补充蛹脾维持群势，泌蜜期后调整群势，抓紧恢复和增殖工作。在泌蜜期间，充分利用强群取蜜、弱群繁殖，新王群取蜜、老王群繁殖，单王群生产、双王群繁殖，繁殖群正出房子脾调给生产蜂群维持群势，适当控制生产蜂群卵虫数量，以此解决生产与繁殖的矛盾。同时，采取措施预防分蜂热，保持蜜蜂积极的工作状态。

蜜源泌蜜好，以生产为主，兼顾繁殖。如遇花期干旱等造成蜜源泌蜜差，蜂群繁殖区脾要少放，蜂数、饲料要足，新脾撤出或靠边搁置。适当安排分蜂，此时脱粉，须进行奖励饲养。

（1）**选择场地**　根据蜜源、天气、蜂群密度等选择放蜂场地。采蜜群宜放在树阴下，遮阳不宜太过，蜂路开阔。中午避免巢门被阳光直射，夏天巢门方向可朝北。水源水质要好，防水淹和山洪冲击。

对不施农药、没有蜜露蜜的场地，可选在蜜源的中心地带、季风的下风向，如刺槐、荆条、椴树、芝麻等。对施农药或有蜜露蜜的场地，蜂群摆放在距离蜜源300m以外的地方。对缺粉的主要蜜源花期，场地周围应有辅助粉源植物开花，如枣花场地附近有瓜花。

（2）**饲料充足**　在泌蜜开始以后，把贮满蜜的蜜脾抽出或摇出，作为蜜蜂饲料保存起来，然后，另加巢脾或巢础框让蜜蜂贮蜜，蜜源结束，把贮备的蜜饲料还给蜂群。对缺粉的枣花场地，需要及时给蜂群补充花粉。荆条花期生产蜂王浆的蜂场，适当补喂花粉。没有优质、洁净水源的场地，在蜂场周围地势明显的地方设水池喂蜂（图5-8），提倡箱内喂水。

图5-8　水池喂蜂（水要天天更新）

（3）**维持群势**　开花前期，从繁殖群中调出将要羽化的老子脾给生产群，保证生产群有足够的采集蜂。

> ● 【小经验】　继箱保留1～2张封盖蜜脾，预防饲料短缺。

（4）**叠加继箱**　当第一个继箱框梁上有巢白时，即可加第二继箱，第二继箱加在第一继箱和巢箱之间，待第二继箱的蜂蜜装至六成、第一继箱有一半以上蜜房封盖，可继续加第三继箱于第二继箱与巢箱之间，第一继箱即可取下摇蜜。不向继箱调子脾，开大巢门，加宽蜂路，折叠覆布，加快蜂蜜成熟。

（5）**酌情控制虫口**　在泌蜜期短的花期（如刺槐），以生产蜂蜜为主的蜂场，在开始泌蜜前10天左右，用王笼把蜂王关起来；或结合养王，在泌蜜开始前12天给每个蜂群介绍1个成熟王台，在大泌蜜期开始时新蜂王产卵。

> ● 【小经验】　在华北地区的刺槐蜜源，定地蜂场采取花前12天育王断子至泌蜜开始时蜂王产卵的措施，使蜜蜂全力采集刺槐蜜，刺槐花结束后，加强繁殖，到荆条花期又能繁殖成生产蜂群，可以收到较好的效益。东北椴树花期采用这个方法，也可以得到好收成。

（6）**适时取蜜**　原则上，泌蜜初期抽取，泌蜜盛期若没有足够巢脾贮蜜，待蜜房有1/3以上封盖时即可进行蜂蜜生产，泌蜜后期要少取多留。在采蜜的同时，重视蜂王浆、蜂蛹虫和蜂胶的生产。

（7）**后期管理**　植物泌蜜结束，或因气候等原因泌蜜突然中止，应及时调整群势，抽出空脾，使蜂略多于脾，防治蜂螨。补喂缺蜜蜂群，在粉足取浆时要进行奖励饲喂，根据下一个场地的具体情况繁殖蜂群。在干旱地区繁殖蜂群时要缩小繁殖区，比如，新脾老子靠边，蜂出房后抽出，若有小虫新脾应放在老子脾中间，防止脱虫。

二 南方秋、冬蜜蜂的生产管理

在我国长江以南各省和自治区，冬季温暖并有蜜源植物开花，是生产冬蜜的时期。

1. 南方冬季蜜源

在我国南方冬季开花的植物有茶树、枔、野坝子、枇杷、鹅掌柴（鸭脚木）等，这些蜜源有些可生产到较多的商品蜜和花粉，有些可促进蜂群的繁殖。而在河南豫西南地区，许多年份在10～11月还能生产到菊花蜂蜜。

2. 蜂群管理措施

南方冬季蜜源花期，气温较低，尤其在泌蜜后期，昼夜温差又大，常有寒流，有时还阴雨连绵，因此，冬蜜期管理应做好以下工作：

(1) 选择好场地 在背风、向阳、干燥的地方摆放蜂群，避开风口。

(2) 生产兼繁殖 冬蜜期要淘汰老劣蜂王，合并弱群，适当密集群势，采取强群生产、强群繁殖，生产与繁殖并重。泌蜜前期，选晴天中午取成熟蜜，泌蜜中后期，抽取蜜脾，保证蜂群饲料充足和备足越冬、春季繁殖所需。在茶叶花期，喂糖水，脱花粉，取蜂王浆。

(3) 做越冬准备 对弱群进行保温处置，在恶劣天气里要适当喂糖喂粉，促进繁殖，壮大群势，积极防治病、虫和毒害，为越冬做准备。

三 分蜂热的预防与解除

4月下旬至5月上旬，当中蜂群势发展到4～5框子脾、意蜂超过7～8框子脾时，常会发生分蜂。蜂群一旦产生分蜂趋势（热）后，蜂王产卵量显著下降，甚至停产，工蜂怠工。

1. 预防分蜂热

（1）更新养王 早春及时育王，更换老王。平常保持蜂场有3~5个养王群，及时更换劣质蜂王。在炎热地区，采取1年每群蜂换2次蜂王的措施，有助于维持强群，提高产量。

（2）控制群势 在蜂群发展阶段和主要蜜源生产结束后，群势大不利于发挥工蜂的哺育力，而且容易分蜂，所以，应抽调大群的封盖子脾补助弱群，弱群的小子脾调给强群，这样可使全场蜂群同步发展壮大。在生产阶段，抽调副群老子脾给强群，维持群势，增加产量。

（3）积极生产 及时取出成熟蜂蜜，进行蜂王浆、花粉的生产和造脾，加重工蜂的工作负担，可有效地抑制分蜂。

（4）扩巢遮阳 随着蜂群长大，要适时加巢脾、上继箱和扩巢门，有些地区或季节蜂箱巢门可朝北开，将蜂群置于通风的树荫下（图5-9），给水降温。

图5-9 将蜂群置于通风的树荫下

2. 解除分蜂热

蜂群已发生分蜂热，应根据蜂群、蜜源等具体情况进行处理，使其恢复正常工作秩序。

（1）更换蜂王1 在蜜源泌蜜期，对发生分蜂热的蜂群当即去王和清除所有封盖王台，保留未封盖王台，在第7~9天检查蜂群，

第五章 周年管理措施

123

选留 1 个成熟王台或诱入产卵新王，毁掉其余王台。

（2）更换蜂王 2　仔细检查已产生分蜂热的蜂群，清除所有王台后把该群搬离原址，在原位置放 1 个装满空脾的巢箱，从原群中提出带蜂不带王的所有封盖子脾放在继箱中，加到放满空脾的巢箱上，诱入 1 只新蜂王或成熟王台。再在这个继箱上盖副盖，再加 1 个继箱，另开巢门，把原群蜂王和余下的蜜蜂、巢脾放入，在老蜂王产卵一段时间后，撤出老王和副盖合并。

（3）互换箱位　在外勤蜂大量出巢之后，把有新蜂王的小群用王笼诱入法先将蜂王保护起来，再把该群与有分蜂热的蜂群互换箱位；第二天，检查蜂群，清除有分蜂热蜂群的王台，调入适量空脾或分蜂热群内的封盖子脾，使之成为一个生产蜂群。

（4）剪翅、除台　在自然分蜂季节里，定期对蜂群进行检查，清除分蜂王台，或对已发生分蜂热蜂群的蜂王剪去其右前翅的 2/3（图 5-10）。

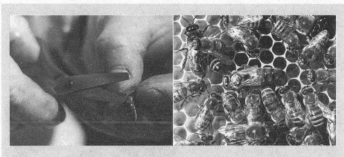

图 5-10　蜂王剪翅（引自 www. beeman. se）

> **【提示】**　剪翅和清除王台只能暂时不使蜂群发生分蜂和不丢失，对生产和繁殖起不到保护作用。

第三节　断子期管理

■ 一　冬季断子管理

蜂群安全越冬的条件是充足优质的饲料、品质良好的蜂王、一定的群势、健康和安静的环境。蜜蜂属于半冬眠昆虫，在冬季，蜜蜂停止巢外活动和巢内产卵育虫工作，结成蜂团，处于半蛰居状态，以适应寒冷的环境。我国北方蜂群的越冬时间长达 5~6 个月，而南方仅在 1 月份有短暂的越冬期。

1. 越冬前准备

（1）选择越冬场地　蜂群的越冬场所有两种：一是室外，二是室内。室外场地要求背风、向阳、干燥和卫生，在白天要有足够的阳光照射蜂箱，场所要僻静，周围无震动、声响（如不停的机器轰鸣声）。室内越冬场所要求房屋隔热性能好，空气畅通，温、湿度稳定，黑暗、安静。

（2）布置越冬蜂巢　越冬用的巢脾要求是黄褐色，在贮备越冬饲料时进行挑选。越冬蜂群势，北方应达到 7~8 框，长江中下游地区须超过 2 框以上，群势的调整在繁殖越冬蜂时就要完成。越冬蜂巢的脾间蜂路设置为 15mm 左右。越冬蜂巢的布置应在蜜蜂白天尚能活动、而早晚处于结团状态时进行。

单箱体越冬，蜂数不足 5 框的蜂群，应双群同箱饲养，布置蜂巢时，把半蜜脾放在闸板（大隔板）的两侧，大蜜脾放在半蜜脾的外侧，这样能使两个蜂群聚集在闸板两侧，结成 1 个越冬团，有助于相互温暖。蜂数多于 5 框的蜂群，可以单群平箱越冬，布置蜂巢时，中间放半蜜脾，两侧放整蜜脾；若均为整蜜脾，则应放宽蜂路，大糖脾靠边放。双箱体越冬，上下箱体放置相等的脾数，例如 8 框蜂的上下箱体各放 5 张脾，蜂脾相对，上箱体放整蜜脾，下箱体放半蜜脾。

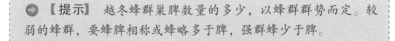

🔹**【提示】** 越冬蜂群巢脾数量的多少，以蜂群群势而定。较弱的蜂群，要蜂脾相称或蜂略多于脾，强群蜂少于脾。

2. 北方蜂群越冬

（1）北方蜂群室外越冬　简便易行，投资较少，适合我国广大地区，缺点是越冬蜂群受外界天气的变化影响较大。

1）长江以北及黄河流域，冬季气温高于 −20℃ 的地方，可用干草、秸秆把蜂箱的两侧、后面和箱底包围、垫实，副盖上盖草帘，箱内空间大应缩小巢门，箱内空间小则放大巢门（图5-11）。如果冬季气温在－10℃以上的地区，蜂群强壮，不应进行保温处置。

2）冬季气温低于－20℃高寒地，蜂箱上下、前后和左右都要用草包围覆盖，巢门用∩形桥孔与外界相连，并在御寒物左右和后面砌成∩形围墙。也可堆垛保蜂或开沟放蜂对蜂群保暖处置。

图 5-11　华北地区蜂群室外越冬保温处置

① 堆垛保蜂。蜂箱集中一起成行堆垛，垛之间留通道，背对背，巢门对通道，以利于管理与通气，然后在箱垛上覆盖帐篷或保蜂罩：夜间温度－15～－5℃时，帐篷盖住箱顶，掀起周围帆布；夜间温度－20～－15℃时，放下周围帆布；－20℃以下，四周帆布应盖严，并用重物压牢。在背风处保持篷布能掀起和放下，以便管理，篷布内气温高于－5℃时要进行通风，立春后撤垛。4 箱一组或成排放置的蜂群，可参照图 5-12 进行保温处置。

② 开沟放蜂。在土质干燥地区，按 20 群一组挖东西方向的地沟，沟宽约 80cm、深约 50cm、长约 10m，沟底铺一层塑料布，其上放 10cm 厚的草，把蜂箱紧靠挨近北墙放置在草上，用支撑杆横在地沟上，上覆草帘遮蔽。通过掀、放

图 5-12　高寒地区蜂群室外越冬保温处置（引自 honeybeeworld.com）

草帘，调节地沟的温度和湿度，使其保持在0℃左右，并维持沟内的黑暗环境。

（2）北方蜂群室内越冬 在东北、西北等严寒地区，把蜂群放在室内越冬比较安全，可人工调节环境，管理方便，节省饲料。

1）越冬室有地下和半地下等形式，高度约240cm，宽度有270cm和500cm两种，可放两排和四排蜂箱；墙厚30~50cm，保暖好，温差小，防雨雪，湿度、通风和光线能调控，还可加装空调或排风扇（图5-13）。

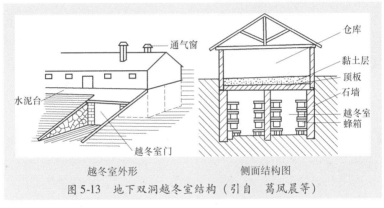

图5-13 地下双洞越冬室结构（引自 葛凤晨等）

2）蜂群在水面结冰、阴处冰不融化时进入室内，如东北地区11月上中旬、西北和华北地区在11月底进入室内，在早春外界中午气温达到8℃以上时即可出室。越冬室内控制温度在−2~4℃，相对湿度在75%~85%。入室初期，白天关闭门窗，夜晚敞开室门和通风窗，以便室温趋于稳定。蜂箱开大巢门、折叠覆布，立冬前后，中午温度高时搬出室外进行排泄，检查蜂群，抽出多余巢脾，留足糖脾。室内过干可洒水增湿，过湿则增加通风排出湿气，或在地面上撒草木灰吸湿，使室内湿度达到要求。蜂群进入越冬室后还要保持室内黑暗和安静。

3）蜂箱在越冬室距墙20cm处摆放，搁在40~50cm高的支架上，叠放继箱群2层，平箱3层，强群在下，弱群在上，成行排列，排与排之间留80cm通道，巢口朝通道便于管理。

（3）北方蜂群越冬管理

1）防鼠。把巢门高度缩小至7mm，使鼠不能进入。如发现巢前有腹无头的死蜂，应开箱捕捉，并结合药饵毒杀。

2）防火。包围的保暖物和蜂箱、巢脾等都是易燃品，要预防小孩引火烧蜂，要求越冬场所远离人多的地方，人不离蜂。

3）防热。严格控制越冬室内的温度，室外越冬蜂群的御寒物包外不包内，巢门和上通气孔畅通。定期用√形钩勾出蜂尸和箱内其他杂物。大雪天气，及时清理积雪，防止雪堵巢门或通气孔。

室外越冬蜂群，要求蜂团紧而不散，不往外飞蜂，寒冷天气箱内有轻霜而不结冰。在保温处置后，要开大巢门，随着外界气温的连续下降，逐渐缩小巢门，1月份最冷时期可用干草轻塞巢门，随着天气回暖，慢慢扩大巢门。对有"热象"的蜂群，开大巢门，必要时撤去上部保暖物，待降温后再逐渐恢复。

4）防饿。蜂群缺少食物多发生在越冬后期，对缺食蜂群及时补充蜜脾，方法是把贮备的蜜脾先在35℃下室预热12h，下方的蜜盖割开一小部分，喷少量温水，靠蜂团放置，将空脾和结晶蜜脾撤出。

遭受饥饿的蜂群，尤其是饿昏被救活的蜂群，其蜜蜂寿命会大大缩短。

> ➡ **【小经验】** 在冬季，蜂群死亡多数是饿死的，而不是冻死的。

5）排泄。如果发现个别蜂群严重下痢，可于8℃以上无风晴天的中午在室外打开大盖、副盖，让蜜蜂排泄，或搬到20℃以上的塑料大棚内放蜂飞翔。如在越冬前期，大批蜂群普遍下痢，并且日趋严重，最好的办法是及时运到南方繁殖。

解救有问题的蜂群只能挽救部分损失，应做好上述的工作，预防事故的发生。

3. 南方蜂群越冬

南方冬季，蜂群断子越冬应在45天以上。

（1）关王、断子 蜂群在室外越冬或入室越冬之前，把蜂王用竹王笼关起来，强迫蜂群断子45天以上。

（2）防治蜂螨　待蜂巢内无封盖子时治蜂螨，治螨前的1天对蜂群饲喂，效果更显著。

（3）布置蜂巢　南方蜂群越冬蜂巢的布置除要求扩大蜂路外，其他同北方蜂群室外越冬。

（4）喂饲料　喂足糖饲料，抽出花粉脾。

（5）促蜂排泄　在晴天中午打开箱盖，让太阳晒暖蜂巢促使蜜蜂飞行排泄。

（6）选择越冬场所　在室外越冬的蜂群，选择阴凉通风、干燥卫生、周围2km内无蜜粉源的场地摆放蜂群，并给蜂群喂水。

4. 转地蜂群越冬

我国北方的一些蜂场，于12月至第二年1月中旬把蜂群运往南方繁殖。这些蜂场在越冬时，首先把饲料脾准备好，镶上框卡，钉上纱盖，在副盖上加盖覆布和草帘，蜂箱用秸秆覆盖，尽可能保持黑暗、空气流通、温度稳定，等待时日，随时起运。

二　夏季断子管理

7~9月，在我国广东、浙江、江西、福建等省，天气长期高温，蜜粉源枯竭，蜂群断子或蜂王产卵量下降，敌害猖獗，蜜蜂活动减少，群势逐日下降。

1. 越夏前准备

（1）更换老劣王，培育越夏蜂　在越夏前1个月，养好1批王，产卵10天后诱入蜂群，培育1批健康的越夏适龄蜂。

（2）准备充足的饲料　进入越夏前，留足饲料脾，每框蜂需要2.5kg，不足的补喂糖浆，并有计划地贮备一部分蜜脾。

（3）调整蜂群势　越夏蜂群，中蜂应有3框以上的蜜蜂，意蜂要有5框以上的蜜蜂，不足的用强群子脾补够，弱群予以合并。提出多余巢脾，使蜂脾相称。

（4）防病、治螨　在早春繁殖初期，将蜂螨寄生率控制在最低限度；在越夏前，还可利用换王断子的机会防治蜂螨。

2. 越夏期管理

（1）选择场地　选择有芝麻、乌桕、玉米、窿缘桉等蜜粉源较充足的地方放蜂，或选择海滨、山林和深山区作为越夏场地，场地须空气流通，水源充足。

(2) 放好蜂群 把蜂群摆放在排水良好的阴凉树下，蜂箱不得放在阳光直射下的水泥、沙石和砖面上。

(3) 通风遮阳 适当扩大巢门和蜂路，掀起覆布一角，但勿打开蜂箱的通气纱窗。

(4) 增湿降温 在蜂箱四周洒水降温，在空气干燥时副盖上可放湿草帘，坚持喂水。

(5) 八防措施 一防盗蜂，越夏期间，减少开箱次数，全面检查在每天的早晚进行，巢门高度以 7mm 为宜，宽度按每框蜂 15mm 累计，避免烟熏和震动，谨防盗蜂发生。二防胡蜂，用药饵和捕打等办法遏制胡蜂的危害。三防青蛙和蟾蜍，早晚捕捉青蛙和蟾蜍，放回远处田间，防范其捕食蜜蜂。四防蚂蚁，消灭蜂场中的蚁穴，制止蚂蚁攻入蜂箱。五防巢虫，经常清除箱底杂物，预防滋生巢虫。六防蜂螨，利用群内断子或封盖子少的机会，防治蜂螨 2 次。七预防农药中毒。八预防水淹蜂箱。

(6) 繁殖管理 在越夏期较短的地区，可关王断子，有蜜源出现后奖励饲养进行繁殖。在越夏期较长的地区，适当限制蜂王产卵量，但要保持巢内有 1～2 张子脾，2 张蜜脾和 1 张花粉脾，饲料不足须补充。

在有辅助蜜源的放蜂场地，应奖励饲喂，以繁殖为主，兼顾蜂王浆生产。繁殖区不宜放过多的巢脾，蜂数要充足。

在有主要蜜源的放蜂场地，无明显的越夏期，按生产期管理。

(7) 后期管理 蜂群越夏后，蜂王开始产卵，蜂群开始秋繁，这一时间的管理可参照繁殖期管理办法，做好抽脾缩巢、恢复蜂路、喂糖补粉、防止飞逃等工作，为冬蜜生产做准备。

第四节 科学管理中蜂

在 20 世纪 10 年代以前，全国养中蜂 500 多万群，21 世纪 10 年代约 200 多万群。农业部全国养蜂十二五规划中要求，到 2015 年养中蜂 350 万群。目前，养中蜂有活框和无框两种方式。

一 活框养中蜂

利用蜂箱、巢框（图5-14）像意蜂一样饲养中蜂的方法，是中蜂发展方向。

1. 选择场地

中蜂多数定地饲养，场地以山区为宜，要求在场地周围 1.5km 半径内，全年有 1～2 个比较稳产的主要蜜源（如荆条、酸枣等）和连续不断的辅助蜜源，无有害蜜源；水源充足，水质洁净。方圆 200m

图 5-14　活框蜂箱养中蜂

内的温度、湿度和光照要适宜，避免选在风口、水路和低洼处，要求背风、向阳，冬暖夏凉，巢门前面开阔，背面有挡风屏障。还要考虑诸如虫、兽、水、火等对人、蜂可能造成的危险。两蜂场之间相距2km左右，要距离意蜂场2.5km以上。另外，还要避开化工厂、粉尘厂、糖浆厂、养猪场等。少数中蜂小转地放养，场地以蜜源中心或边缘皆可，要求蜂路开阔，蜂场标志明显。

2. 摆放蜂群

摆放蜂箱前，先把场地清理干净，蜂群可摆放在房前屋后，也可散放在山坡。蜂箱前低后高，左右平衡，巢门朝向南方和东南皆可。

（1）置于庭院　置于房前屋后的蜂群，应将蜂箱支离地面25cm以上，经常打扫蜂场，防止蚁兽等对蜜蜂的侵害以及保持蜂群卫生。有的将蜂箱（桶）悬挂在房屋墙壁上。

（2）散放山坡　散放山坡上的蜂群（图5-15），每个点可放蜂30 群左右（在蜜源丰富、连贯的条件下可多放）。在着重考虑蜜源利用和温湿度对蜂群影响的同时，要保证通行方便安全，还应预防自然灾害。

（3）集中排列　集中排列蜂群时，以 3～4 群为一组，背对背方向各异，应以利于蜜蜂识别巢门方位、便于管理和不引起盗蜂为原

图 5-15　散放在山坡上的蜂群

则，充分利用地形、地物，使各群巢门尽量朝不同方向或处于不同高低位置。

3. 检查蜂群

（1）箱外观察　检查中蜂，多以箱外观察为主，根据蜜蜂的生物学特性和养蜂的实践经验，在蜂场和巢门前观察蜜蜂行为和现象，从而分析和判断蜂群的情况。冬季，巢门前有蜜蜂翅膀，箱内必有鼠。抬举蜂箱，以其轻重判断食物盈缺。拍打蜂箱，正常蜂群蜜蜂会发出整齐的嗡鸣声。其他观察判断，见第四章。

（2）开箱检查

1）开箱检查注意事项：开箱检查要有计划，主要在分蜂季节、育种换王时期、越冬前后。开箱检查蜂群应做到次数尽量少，时间尽量短，天气尽量好，且蜜源丰富。操作时须要穿戴防护衣帽，备齐起刮刀、喷水壶等工具。操作要求轻、稳、快、准，提脾放脾须直上直下，防止碰撞挤压蜜蜂，还须注意覆盖暴露的蜂巢，预防盗蜂。

检查结束，对蜂群的群势大小、蜜蜂稀稠、饲料多少、蜂王优劣、王台有无、蜂子生长、蜜蜂健康等作出判断，记录存档，制订管理措施。

2）开箱检查操作规程：开箱检查与检查意蜂相似，参照第四章

第二节进行。

4. 蜂群管理

管理中蜂，须要遵循选用年轻优质蜂王、每年更新巢脾、尽量少开箱和少打扰蜂群，减少取蜜次数和始终保持蜂群饲料充足的原则，防止雨淋和日光曝晒蜂群，饲养强群。专业养蜂场，要求蜂、人相伴，人不离场，时刻掌握蜂群动向，采取相应措施。

二 无框养中蜂

1. 木桶无框饲养

（1）桶养中蜂的意义 利用镂空的树段饲养中蜂，即桶养中蜂，勿剥去蜂桶树皮。篓养中蜂与此类似，其管理方法大致相同。

桶养中蜂，蜂巢的小环境较适宜，符合野生种群的生活，蜜蜂疾病少，减少了管理，投入与产出比值较为合理。

（2）桶养中蜂的管理

1）饲养方法。用蜂桶饲养中蜂在长江流域及其以北山区较多。把高 60～80cm、直径 35～50cm 左右的树段镂空，在中间或稍微靠上一些的位置，用约 3cm 见方的木条成十字形穿过树段，即成蜂桶。方木下方供造脾繁殖，上方供造脾贮存蜂蜜。蜂桶置于石头平面上或底座（木板）上，巢门留在下方，上口用木板或片石覆盖，并用泥土填补缝隙（图 5-16）。

图 5-16 蜂桶

2）检查蜂群。在分蜂季节将蜂桶倾斜 30°左右，用烟驱赶蜜蜂，露出巢脾进行查看。如果巢脾灰暗，蜜蜂稀疏，或蜂子腐烂，表明蜂群或蜂王生病，采取相应管理措施。同时，清扫箱底垃圾。检查完毕，放正蜂桶，恢复原状，做好记录。

3）更换蜂王。在分蜂季节将蜂桶倾斜30°左右，查看巢脾下部是否产生分蜂王台，如需分蜂，就留下1个较好的王台，并预测分蜂时间，等待时机收捕分蜂团；如果不希望分蜂，就除掉王台。

4）人工分群。在自然分蜂季节，检查蜂群，将有封盖王台的巢脾割下来一部分，粘贴在木箱上，将蜂箱倒置过来，使巢脾在上。用勺子或V形纸筒将原群中的蜜蜂先舀出两勺，靠拢巢脾，有几十只蜜蜂上脾后，然后再舀几勺直接倒入蜂箱，迅速盖上盖子（木板），再将蜂箱放在原蜂群的位置，原群搬到一边。

5）饲喂蜜蜂。打开侧门或掀起蜂桶，将盛装糖水的容器置于箱底，上浮秸秆或小木棒，靠近巢脾下缘即可。天气寒冷在下午饲喂，天气温暖在傍晚饲喂。对患病蜂群，每次喂蜂前应将容器及浮木清洗干净。

6）割取蜂蜜。根据蜜源情况和历年积累的经验，从上部观察蜂蜜的多寡，每年割蜜脾2~3次，每群年产蜜量5~25kg。

7）更新蜂巢。前期将蜂桶上部的巢脾割除后，将蜂桶倒置，蜜蜂在下修造新脾繁殖，当新脾造成后，再割除上部巢脾。

2. 木箱无框饲养

木箱无框饲养要点：无框蜂箱、定地饲养，选育良种，蜜足蜂稠群体健康，强群采蜜。蜂群散放于朝阳山坡（图5-17）。窑养中蜂（图5-18）与此类似。

图5-17　散放于朝阳山坡的蜂群

图5-18　饲养在墙壁中的中蜂

（1）蜂具

1）蜂箱。蜂箱由 6 块木板合围而成，其中一个侧面是活动的，用于打开蜂箱检查、管理蜂群。蜂箱左右内宽 66cm，前后深 40cm（如果群势大，则增加到 45～48cm），内高 33cm。蜂箱用木架支高 40cm 左右，箱上部用草苫做成斜坡状，以遮蔽雨水

图 5-19　无框蜂箱

和阳光，夏天，用浸水布片置于箱上来降温。蜂箱活动箱板下沿开有巢门，此外，在夏季，活动板左右和上部都有缝隙，蜜蜂可以进出（图 5-19）。

2）击胡蜂板。一节长约 70cm 的竹子，劈开四瓣（即 1/4），其中柄长约 40cm、宽 2.8cm，丝端长 30cm、宽 6cm，用竹刀将丝端分 35～40 根丝，用于击落来袭胡蜂（图 5-20）。

3）捕蜂网。捕蜂网顶端采用一个高 23cm、下口直径 23cm 的圆形（即

图 5-20　击胡蜂板

半球形）竹（荆）笼（壳），并且用泥涂抹竹笼缝隙，下沿缝上塑料纱网，使用前在内壁涂上蜂蜜。

（2）管理

1）检查蜂群。要根据经验按季节查看蜂群，打开活动箱板，巢脾发白蜜蜂造新脾是正常，巢脾发黄蜂群不旺是不正常，并判断是病、是虫还是蜂王问题，及时处理（图 5-21）。在分蜂季节，用烟驱赶蜜蜂，露出巢脾下缘，查看巢脾下部是否产生分蜂王台，如需分蜂，就留下 1 个较好的王台，并预测分蜂时间，等待时机搜捕分蜂；如果不希望分蜂，就除掉王台。同时，清扫箱底垃圾。

检查完毕，堵上侧板，恢复原状，做好记录。

高
效
养
蜂

2）蜂群繁殖。繁殖时间是在立春前后，使用泥巴将蜂箱孔洞糊严，减少通风透气，再在箱上用草苫围着，促进产子，开始时稍微喂些糖水（图5-22），加消炎药，譬如，大安1片/群 + 1:1的糖水。

图5-21　打开侧板检查

图5-22　开箱检查、喂蜂和预防病害

3）造脾。每年割蜜留下4张脾，作为第二年蜜蜂造脾发展群势的基础，并在次年割蜜时割除。如果蜂群生病，全部割除巢脾，喂蜜（或糖浆）让蜜蜂重新营造新巢穴。以脾是否发黄判断巢脾是否需要更换，每年更新巢脾。

4）良种选育。每年从5km外其他蜂场购买群势最大、产蜜最高的蜂群2群，以这2群蜂的雄蜂作种，控制本场雄蜂的产生（割雄蜂蛹），引导种用雄蜂与本场处女蜂王交配。

5）蜜蜂饲料。割蜜时间多在农历十月初十前后，保留一角（蜂巢）够蜂越冬食用，即冬季饲料留4个脾，每脾高6寸、宽6寸，多余的割除。正月检查，如果缺食，就取一块蜜脾放置蜂团下方补食，并让蜜蜂能接触到。

6）人工分群（养王）。用锤子敲击蜂箱一侧，迫使蜜蜂聚集到另一端，然后割取巢脾，在巢脾中央插入竹丝一根，靠近箱侧或后箱壁的顶端将其吊绑在箱顶上，并从箱外孔隙横向插入两个竹片且穿过巢脾；然后将有封口王台的巢脾带王台割下一小块，固定在横

136

向插入的两个竹片上，与原焊接在箱顶上的巢脾间隔 8~10mm，再用 V 形纸筒将蜂舀入 3 筒即可；最后搬走原群，新分群（安装王台蜂群）放在原群位置。原群蜜蜂约 10 天后又发展起来；安装王台蜂群，新王产卵即成一群。

7）收捕分蜂。无框养蜂，蜂群一般在 4 月下旬至 5 月上旬发生自然分蜂，如果当天发现王台封口，次日王台端部就会变黄，天气正常就要发生分蜂，或在封口第三天分蜂；如果天气不好，蜜蜂就在天气转晴、温度 18℃以上分蜂。在分蜂季节，养蜂员就住在蜂场盯住，如果发现蜜蜂一个紧随一个地从巢门往外涌出，即表明分蜂开始。收蜂时，将网套在分蜂群活动箱板（巢门）一侧，顶端挂在一个立柱上，约 2min 左右，分出的蜂蜜被套在网中，撤回套在蜂箱上的网，稍停 30min 左右，蜜蜂

图 5-23　收捕分蜂

便聚集在竹笼内（图 5-23）。然后，准备一个蜂箱，在靠近后箱壁或左右箱壁，将一个小巢脾用铁丝吊在箱顶之上，再将收回的蜜蜂放入箱中。引进蜜蜂时，先将纱网反卷，暴露出蜂团，将竹笼倒置于蜂箱中，盖好箱板，蜜蜂自动上脾造脾，蜜蜂造脾走向与事先固定的巢脾相同，因此，无框蜂箱的巢脾走向、大小是可以控制的。

8）蜂病防治。使用敌螨熏烟剂防治巢虫；将过氧乙酸加入小敞口瓶中，上用纱网封闭（防止蜜蜂跌落其中）熏蒸，预防囊状幼虫病；饲喂蜂必康预防疾病。

（3）生产　每年 9~10 月割蜜一次，将蜜脾从蜂箱中割下来，蜂蜜带巢一起销售。生产的是山蜂糖，也叫毛蜂糖。在河南省南召县伏件山区，每年每箱平均生产蜂蜜 20kg，高的达到 35kg。

第六章
良种繁育

　　蜜蜂良种是指抗逆力、生产力强和容易管理的蜂种，具有适应当地气候和蜜源条件的区域性特点。蜜蜂良种繁育是建立在选种基础上进行的。在蜜蜂种群中，不同蜂群表现出抗病与否、产量高低等性状差异，选择具有优良性状的种群，并通过育种方法稳定和保持这些符合人类需要的优良性状。

第一节　育种素材

　　在蜜蜂属中饲养的蜜蜂主要有东方蜜蜂种和西方蜜蜂种，在野生和饲养过程中，它们又分别形成了许多亚种或类型，具有各自的优劣特征。

一　中华蜜蜂

1. 中蜂类型

　　我国饲养的中华蜜蜂，属于东方蜜蜂的一个亚种，在长期的自然选择过程中，又形成了北方中蜂、华南中蜂、华中中蜂、海南中蜂、西藏中蜂、阿坝中蜂和长白山中蜂等不同类型或品系，它们具有适应当地生态条件和地理环境的生物学特性、形态特征，例如，工蜂大小由南向北、由低海拔向高海拔逐渐增大，体色也越来越深，具有明显的地方特色。

2. 中蜂经济类型

1）蜂蜜高产型：长白山中蜂、云贵高原中蜂。

2）抗囊虫病型：阿坝中蜂、华南中蜂。

3）耐热型：海南中蜂、华南中蜂、华中中蜂。

4）抗寒型：西藏中蜂、北方中蜂。

华南和西南地区为中蜂集中分布区域，其他地区的中蜂多与西方蜜蜂混合分布，平原少见，山区饲养。

➡ **【提示】** 形态和群体大小等不同类型或品系的中蜂，虽然给我国中蜂育种提供了丰富的素材，但是，受到种质资源法规条例的保护，中蜂流通受到限制，所以，中蜂的良种繁育只能在本地中蜂或同一类型中进行。

二 西方蜜蜂

西方蜜蜂是外来种群，和中蜂不同，它们的繁育在我国得到了前所未有的发展，生产潜力得到充分挖掘。通过良种繁育技术，新疆黑蜂、东北黑蜂和浙江浆蜂等都是西方蜜蜂在我国改良的优秀良种代表。除第一章介绍的意蜂和卡尼鄂拉蜂外，欧洲黑蜂、高加索蜂、安纳托利亚蜂、塞浦路斯蜂、喀尔巴阡蜂等都是很好的生产用育种素材。

1. 欧洲黑蜂

欧洲黑蜂原产阿尔卑斯山以西和以北的广大欧洲地区。

(1) 形态特征 欧洲黑蜂个体大，腹部宽，背板、几丁质呈均一的黑色。工蜂体长12～15mm，腹部粗壮（图6-1）。

(2) 生活习性 欧洲黑蜂蜂王产卵力强，蜂群哺育力差，春季发展平缓，夏、秋季群势强。采集勤奋，节约饲料，善于采集泌蜜期长的大蜜源，在蜜源条件差时，较其他蜜蜂勤俭。泌蜡造脾能力较强，蜜房封盖为干型或中间型。采集利用蜂胶较多。定向力强，不易迷巢，卫巢力差。耐寒性强，以强群的形式越冬，越冬饲料消耗少。

工蜂性情凶暴，怕光，开箱检查时爱蜇人。易感染幼虫病和被巢虫危害，抗孢子虫病和抗甘露蜜中毒的能力强于其他蜂种。

(3) 分布 在澳大利亚的塔斯马尼亚岛上，设有欧洲黑蜂保护区，其形态特征和生物学与原产地的欧洲黑蜂相同。

采粉工蜂　　　　　　　　工蜂和蜂王（中）

图 6-1　欧洲黑蜂（引自 Alain Pauly）

◯【小资料】 新疆黑蜂是 1925 年自哈萨克斯坦引入的中俄罗斯黑蜂。

（4）经济价值 欧洲黑蜂可用于蜂蜜生产，是较好的育种（杂交）素材。

2. 高加索蜂

高加索蜂简称高蜂，原产于高加索中部的高山谷地，适合生活在冬季不太寒冷、夏季较热、无霜期长、年降雨量较多的环境中。

（1）形态特征 高蜂几丁质为黑色。灰色高蜂蜂王为黑色（图 6-2）。雄蜂胸部绒毛为黑色。工蜂体长 12～13mm。

图 6-2　高加索蜂蜂王
（引自吉林蜜蜂研究所）

（2）生活习性　高蜂性情温驯，不怕光，提出巢脾时蜜蜂安静。蜂王产卵力较弱，工蜂育虫积极，春季群势发展平稳、缓慢，夏季群势较大，常出现蜂王自然交替现象。善于利用较小而持续时间较长的蜜源。采集勤奋，节省饲料。泌蜡造脾能力一般，爱造赘脾。蜜房封盖为湿型，色暗。采胶性能好，盗性强。

高蜂易遭受甘露蜜毒害和易感染孢子虫病。

（3）分布　我国少量饲养。

（4）经济价值　高加索蜂采蜜能力比欧洲黑蜂强，蜂胶产量高，也是较好的育种（杂交）素材。

3. 东北黑蜂

东北黑蜂是具有黑蜂、卡蜂血统的杂交蜂种，集中分布在黑龙江省东部的饶河、虎林一带。

（1）形态特征　东北黑蜂的蜂王有两种类型：一是全部为黑色，另一种是腹部第1~5节背板有褐色的环纹，两种类型蜂王的绒毛都呈黄褐色。雄蜂体色为黑色。工蜂几丁质全部为黑色，或第2~3腹节背板两侧有较小的黄斑，胸部背板上的绒毛呈黄褐色。工蜂体长12~13mm。

（2）生活习性　不怕光，提出巢脾时蜜蜂安静，蜂王照常产卵，蜂王日产卵量950粒左右，产卵整齐、集中。春季育虫早，蜂群发展快，分蜂性较弱，夏季群势可达14框蜂。采集力强，善于采集泌蜜量大的蜜源，能利用早春和晚秋的零星蜜源，对长花管的蜜源利用较差。节省饲料。蜜房封盖为中间型，蜜盖常一边呈深色（褐色），另一边呈黄白色。采胶少或不采胶。耐寒性强，越冬良好。抗幼虫病能力较好。

比较爱蜇人，易患麻痹病和孢子虫病。

（3）分布　饶河、虎林和宝青三县为东北黑蜂保护区，现有东北黑蜂原种群3 000群。

（4）经济价值　东北黑蜂在1977年椴树泌蜜期曾有群产蜂蜜500kg的记录。另外，东北黑蜂杂种一代适应性强，增产显著，是一个很好的育种素材。

4. 新疆黑蜂

新疆黑蜂是欧洲黑蜂的一个品系，主要在新疆伊犁哈萨克自治州饲养。

（1）形态特征 蜂王有纯黑和棕黑两种。雄蜂为黑色。原始群的工蜂，几丁质均为棕黑色，绒毛为棕灰色。

（2）生活习性 蜂王每昼夜平均产卵1 181粒，最高曾达2 680粒，产卵集中成片，虫龄整齐。育虫节律波动大，春季育虫早，夏季群势达13～15框蜂，6框子时便开始筑造王台准备分蜂。采集力强，勤奋，早出晚归，善于利用零星蜜源，主要蜜源花期，采集更加积极。泌蜡力强，造脾快，喜造赘脾。泌浆能力一般，蜜房封盖为中间型。采集利用蜂胶比意蜂多。耐寒性强，越冬性好，比卡蜂更耐寒和节省饲料。新疆黑蜂抗病力和抗大蜂螨能力强，在新疆还未发现有小蜂螨和蜡螟寄生。

怕光，提巢脾检查时蜜蜂骚动，性情凶暴，爱蜇人。

（3）分布 伊犁、塔城、阿勒泰、新源、特克斯、尼勒克、昭苏、巩留、伊宁和布尔津等地都有黑蜂，全伊犁哈萨克自治州约有黑蜂18 000群，全新疆有黑蜂25 000群左右。天山南侧西至霍城县玉台、东至和静县巴伦台为伊犁黑蜂保护区。

（4）经济价值 在新疆地区，正常年景每群蜂平均生产蜂蜜80～100kg，最高产量超过250kg。

5. 浙江浆蜂

浙江浆蜂为我国对意蜂定向选育的蜂王浆高产蜂种，主要包括浙农大1号意蜂、萧山浆蜂、平湖浆蜂等多个类型。

（1）形态特征 为黄色蜂种，雄蜂腹末体毛长而齐。

（2）生活习性 温驯，蜂王浆产量高。

在蜜蜂活动季节如不生产蜂王浆，易发生分蜂。饲料消耗大，小蜜源时易缺饲料。易发生盗蜂，易生白垩病。

（3）分布 在我国东部地区大量使用。

（4）经济价值 蜂群年产浆量，转地蜂场6～8kg/群，定地蜂场高达12kg/群，也用于生产蜂花粉和蜂蜜。

6. 安纳托利亚蜂

安纳托利亚蜂原产于土耳其中部安纳托利亚高原。

（1）形态特征 为黑色蜂种，工蜂喙长6.29～6.63mm。

（2）**生活习性** 蜂王产卵力强，育虫节律随气候和蜜源的变化而变化，春季发展缓慢，夏季能维持强群。既能利用大宗蜜源又能利用零星蜜源，采蜜和采胶力强。

易患麻痹病。

（3）**分布** 我国少量引进，主要作为育种素材。

（4）**经济价值** 该蜂种是很好的育种素材，与意蜂、卡蜂杂交后可获高产杂交后代。

7. 塞浦路斯蜂

塞浦路斯蜂原产于塞浦路斯岛。

（1）**形态特征** 为黄色蜂种，工蜂喙长6.25~6.53mm。

（2）**生活习性** 蜂王产卵力强，分蜂性弱，能维持大群，善于利用零星蜜源，喜采胶，很少造赘脾，越冬性好。

性凶，不利于生产管理。

（3）**分布** 我国少量引进。

（4）**经济价值** 主要作为育种素材。

8. 喀尔巴阡蜂

简称喀蜂，原为罗马尼亚本地蜂，它是在欧洲西南部特殊的气候、地理和蜜源条件下形成的一个单独的喀尔巴阡体系。

（1）**形态特征** 蜂王为黑褐色，腹部背板有深棕色环带，2~4背板尤为明显，身体细长，雄蜂为黑色，工蜂为黑色，腹部背板有棕色斑。体小。

（2）**生活习性** 喀尔巴阡蜂对外界敏感，育虫节律陡，蜜粉源丰富时蜂王产卵旺盛，蜂群繁殖较快，蜜粉源缺乏时降低繁殖减少活动，善于保存实力。子脾面积大，密实度高达95%以上，育子成蜂率高；分蜂性低于喀尼鄂拉蜂（较弱），善于利用零散蜜源，也能利用大宗蜜源，蜜房封盖为中间型。耐寒，越冬安全。节省饲料，定向力强，不易迷巢，不爱作盗，抗螨抗白垩病。

蜜粉源条件差的情况下繁殖缓慢，不耐热，泌蜜初期比较暴躁。

（3）**分布** 1978年引进中国，已被广泛利用。

（4）**经济价值** 同意蜂或高加索蜂杂交后能够产生明显的杂种优势，是良好的蜜蜂育种素材。

第六章 良种繁育

第二节 蜂种改良

一个养蜂场，经过对蜂群长期的定向选择，或经过引进优良种蜂进行杂交，可增强蜂群的生产和抗病能力，提高产品质量。

一 引种与选种

将国内外的优良蜜蜂品种、品系或类型引入本地，经严格考察后，对适应当地的良种进行推广。如意蜂和卡蜂引入我国后，在很多地区直接用于养蜂生产或作为育种素材，提高了产量。

1. 引种

可采用引（买）进蜂群、蜂王、卵、虫等方式。蜜蜂引种多以引进蜂王为主，诱入蜂群50天后，其子代工蜂基本取代了原群工蜂，就可以对该蜂种进行考察、鉴定，在观察鉴定期间，应对引进的蜂种隔离，预防蜂病的传播和不良基因的扩散，需要的性能须突出。

养蜂场从种王场购买的父母代蜂王有纯种，也有单交种、三交种或双交种，可作种用。繁殖的下一代可直接投入生产，但不宜再作种用。

2. 选种

在我国养蜂生产中，多采取个体选择和家系内选择的方式，在蜂场中选出种用群生产蜂王。例如，在图6-3中，5个家系的a、b、c、…、y25群蜂中，选出10群作为种用群，用家系内选择是a、b、f、g、k、l、p、q、u、v，用个体选

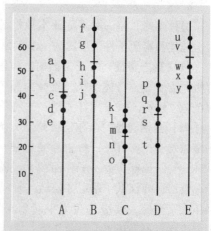

图6-3　5个家系蜂群的性状分布
（引自邵瑞宜 1995）

注：•表示个体性状值；
——表示家系性状平均值。

择是 f、u、v、g、a、h、w、x、b、i，用家系选择是 f、g、h、i、j、u、v、w、x、y。

（1）个体间选择　在一定数量的蜂群中，将某一性状表现最好的蜂群保留下来，作为种群培育处女蜂王和种用雄蜂。在子代蜂群中继续选择，使这一性状不断加强，就可能选育出该性状突出的良种。个体选择适用于遗传力高的性状选择。将具有某些优良性状的蜂群作为种群，通过人工育王的方法保留和强化这些性状。采用这种技术，在我国浙江省选育了目前生产上使用的蜂王浆高产蜂种。

（2）家系内选择　从每个家系中选出超过该家系性状表型平均值的蜂群作为种用群，适用于家系间表型相关较大、而性状遗传力较低的情况。这种选择方法可以减少近交的机会。

> **【小资料】**　选种育王的蜂场应有60群以上的规模，防止过分近亲交配。

二　蜂种的杂交

蜜蜂杂交后子代的生活力、生产性能等方面往往超过双亲，是迅速提高产量和改良种性的捷径。获得蜜蜂杂交优势，首先要对杂交亲本进行选优提纯和选择合适的杂交组合，以及挑选杂交优势表现的环境。蜜蜂杂交组合通常有单交、双交、三交、回交和混交等几种形式。以 E 表示意蜂，K 表示卡蜂，G 表示高蜂，O 表示欧洲黑蜂，♀ 表示蜂王，♂ 表示雄蜂，× 表示杂交，☿ 表示工蜂。组织 2 个或 2 个以上的蜜蜂品种（或品系、亚种）进行交配，扩大蜜蜂的遗传变异，并对具有优良性状的杂种进行选择和繁殖，使后代有益的杂种基因得到纯合和遗传。

1. 杂交组合方式

（1）单交　用一个品种的纯种处女蜂王与另一个品种的纯种雄蜂交配，产生单交王。由单交王产生的雄蜂，是与蜂王具有同一个品种的纯种，产生的工蜂或子代蜂王是具有双亲基因的第一代杂种（图6-4）。由第一代杂种工蜂和单交王组成单交种蜂群，因蜂王和雄

145

蜂均为纯种，它们不具杂种优势，但工蜂是杂种一代，具有杂种优势。

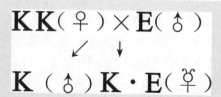

KK(♀)×E(♂)

K(♂)K·E(☿)

图6-4　工蜂含卡蜂和意蜂基因各50%的单交种群

（2）三交　用一个单交种蜂群培育的处女蜂王与1个不含单交种血缘的纯种雄蜂交配，产生三交王，但其蜂王本身仍是单交种，后代雄蜂与母亲蜂王一样，也为单交种，而工蜂和子代蜂王为含有三个蜂种血统的三交种（图6-5）。三交种蜂群中的蜂王和工蜂均为杂种，均能表现杂种优势，所以三交后代所表现的总体优势比单交种好。

KK(♀)×E(♂)

KE(♀) × G(♂)

KE KE·G
(♂) (♀)

图6-5　卡、意杂种蜂王与高蜂雄蜂交配形成三交种群

（3）双交　一个单交种培育的处女蜂王与另一个单交种培育的雄蜂交配称为双交。双交后的蜂王所组成的蜂群，蜂王仍为单交种，含有两个种的基因，产生的雄蜂与蜂王一样也是单交种；工蜂和子代蜂王含有4个蜂种的基因（图6-6），为双交种。由双交种工蜂组成的蜂群为双交群，能产生较大的杂种优势。

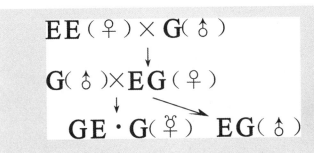

$$KK(♀) \times E(♂) \quad GG(♀) \times O(♂)$$
$$\downarrow \qquad\qquad\qquad GO(♀)$$
$$KE(♀) \qquad \times \qquad GO(♂)$$
$$KE(♂) \quad KE \cdot GO(☿)$$

图 6-6　含有 4 个蜂种基因的双交种群

（4）回交　采用单交种的处女蜂王与父代雄蜂杂交，或单交种雄蜂与母代处女蜂王杂交称回交，其子代称回交种。回交育种的目的是增加杂种中某一亲本的遗传成分，改善后代蜂群性状（图 6-7）。

$$EE(♀) \times G(♂)$$
$$\downarrow$$
$$G(♂) \times EG(♀)$$
$$\downarrow \qquad\qquad \searrow$$
$$GE \cdot G(☿) \qquad EG(♂)$$

图 6-7　具有 2/3 父系基因的回交种群

2. 蜜蜂杂种特点

杂交种群的经济性状主要通过蜂王和工蜂共同表现。在单交种群中，仅工蜂体现出杂种优势；三交和双交种群，其亲本蜂王和子代工蜂均能表现杂种优势。而种性过于混杂会产生杂种性状的分离和退化，多从第二代开始。

选择保留杂种后代，须建立在对杂种蜂群的经济性能考察、鉴定和评价的基础上，包括亲本、组合、形态学指标和生物学指标、生产性能指标。在杂种的性状基本稳定后，再增加其种群数量，通过良种推广，扩大饲养范围。

三 选育抗螨蜂

1. 抗螨育王基础

蜜蜂对蜂螨具有抗性,不同种群或同一种群不同蜂群间对蜂螨的抗性不同。实践证明,抗螨蜜蜂都有较强的卫生行为。因此,选择抗病(如美洲幼虫腐臭病和白垩病)、强群、高产蜂群进行卫生能力测定,利用卫生行为好的蜂群进行育王,经过不断选育,即可能培育出抗病、抗螨蜂王。

2. 蜜蜂卫生能力测定

从蜂群中挑选封盖子脾,子脾连片整齐,尽量没有空房,蜂子日龄以复眼白色或粉红色为准。将所选子脾切成 5cm × 5cm 大小,然后置于冰箱中24h。再将冻死的小块子脾镶嵌在相同日龄的子脾中间,返还蜂群。注意,蜂子上下顺序不得颠倒(图6-8,图6-9)。24h、48h 观测死蛹清除率,以清除率高者定为卫生行为好。

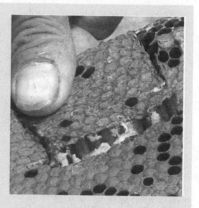

图6-8　蜜蜂卫生行为　　　　　图6-9　蜜蜂卫生行为
测定1——切割子脾　　　　测定2——将冻死蜂蛹返还蜂群

3. 选育抗螨蜂王

选取全场1/3卫生行为好的蜂群,培育雄蜂和处女蜂王,更换所有蜂王。每年进行一次。当蜂螨寄生率在5%以下停止治螨。在一个区域,抗螨育王须全面进行,或者利用早春养王,避开其他蜂场无抗螨性能的雄蜂干扰。

→ 【提示】 抗螨育王，组织某地全部蜂场同时进行，或进行隔离选种。

第三节　培育蜂王

人工育王是在长期生产实践中，考察并选择生产性能优良的蜂群为种群，培养雄蜂和处女蜂王，给育种群创造优良的环境与营养条件，培育优质蜂王。蜂种改良主要是针对本蜂场的具体情况，采取引进、选择、杂交等育种手段，通过培育蜂王，更新原有蜂王，以达到提高产量、改善低劣品种和增强抗病能力的目的。实际上，养蜂人每年的育王和换王都是在做这项工作，通过育王分蜂扩大经营。例如，由于蜂王浆高产蜂种的培育，使我国蜂王浆单产提高了5～10倍，全国蜂王浆产量由20世纪70年代的500t迅速提高到目前的3 200t。因此，学一点育王知识，掌握育王技术，提高育王质量，对于养好蜜蜂来说很有必要。

一 挑选种群与种蜂培育

蜜蜂的性状受父本和母本的影响，因此，育王之前选择父群培育雄蜂，挑选母群培育幼虫，挑拣正常的强群（育王群）哺育蜂王幼虫，三者同等重要。种群可以在蜂场中挑选，也可以引进。具体方法如下：

1. 种用父群的选择和雄蜂的培育

（1）父群的选择　将繁殖快、分蜂性弱、抗逆力强、蜂盗性小、温驯、采集力强和其他生产性能突出的蜂群，挑选出来培育种用雄蜂，一般需要考察1年以上。父群数量一般以购进的种王群或蜂群数量的10%为宜，培养出比处女蜂王数量高出80倍以上的健康适龄雄蜂。选择方法见本章第二节中的选种。种用父群的群势，意蜂不低于13框足蜂。

另外，父群的选择还要考虑卫生行为好、抗螨能力强的蜂群作种群。

（2）雄蜂的培育 首先采用工蜂和雄蜂组合巢础（图6-10）镶装在巢框上，筑造新的专用育王雄蜂脾，或割除旧脾的上部，让蜜蜂筑造雄蜂房。然后利用隔王栅或蜂王产卵控制器引导蜂王于计划的时间内在雄蜂房中产卵。

图6-10　工蜂和雄蜂组合巢础
（引自 Browm 1985）

（3）父群的管理 蜂巢内蜜蜂稠密，蜂脾比不低于1.2:1，适当放宽雄蜂脾两侧的蜂路。保持蜂群饲料充足，在蜂王产雄蜂卵时开始奖励饲喂，直到育王工作结束。

2. 种用母群的选择和幼虫的获得

（1）母群的选择 通过全年的生产实践，全面考察母群种性和生产性能，侧重于繁殖力强、分蜂性弱、能维持强群以及具有稳定特征和最突出的生产性能。

（2）母群的组织 蜂群应有充足的蜜粉饲料和良好的保暖措施。在移虫前1周，将蜂王限制在巢箱中部充满蜂儿和蜜粉的3张巢脾的空间，在移虫前4天，用1张适合产卵和移虫的黄褐色带蜜粉的巢脾将其中1张巢脾置换出来，供蜂王产卵，第4天提出移虫。

3. 育王蜂群的选择、组织和管理

（1）育王群的选择 挑选有13框蜂以上的高产、健康强群，各型和各龄蜜蜂比例合理，巢内蜜粉充足。

（2）育王群的组织 在移虫前1~2天，先用隔王板将蜂巢隔成2区，一区为供蜂王产卵的繁殖区，另一区为幼王哺养区，育王框置于哺养区中间，两侧置放小幼虫

> ● **【小经验】** 父群和母群均可作为育王蜂群利用。

脾和蜜粉脾。在做此工作的同时，须除去自然王台。

（3）育王群的管理 哺育群以适当蜂多于脾，在组织后的第7天检

查，除去所有自然王台。每天傍晚喂 0.5kg 糖浆，直喂到王台全部封盖。在低温季节育王，应做好保暖工作，高温季节育王则需遮阳降温。

为获得个体较大的蜂王，采取三次移虫养王法培育新王。本法是通过三次移虫来培养处女蜂王，第一次移虫为当天早上，第二次移虫在第二天下午，第三次移虫在第三天早上进行。第一次移 1 日龄幼虫，第二、第三次移虫移刚孵化（卵由直立到躺倒时）的幼虫。

为培育出优良的蜂王，除遗传因素和采取三次移虫养王法外，在气候适宜和蜜源丰富的季节，还应采取种王限产，使用大卵养虫，强群限量哺养，保证种王群、哺育群食物优质、充足等措施。

1. 育王准备

（1）育王时间　一年中第一次大批育王时间应与所在地第一个主要蜜源泌蜜期相吻合，例如，在河南省养蜂（或放蜂），采取油菜花开花盛期育王，末期把蜂王更换，蜂群在刺槐开花时新王产子。而最后一次集中育王应与防治蜂螨和培养越冬蜂相结合，可选在最后一个主要蜜源前期，泌蜜盛期组织交尾蜂群，花期结束，新王产卵，防治蜂螨后开始繁殖越冬蜂。其他时间保持蜂场总群数 5%的养王（交尾）群，坚持不间断地育王，及时更换劣质蜂王或分蜂。

（2）工作程序　在确定了每年的育王时间后，依据蜂王生长发育历期和交配产卵时间，安排育王工作，见表 6-1。

表 6-1　人工育王工作程序

工作程序	时间安排	备　注
确定父群	培育雄蜂前 1～3 天	
培育雄蜂	复移虫前 15～30 天	
确定、管理母群	三次移虫前 7 天	
培育养王幼虫	三次移虫前 3.5～4 天	
初次移虫	二次移虫前 30h	移其他健康蜂群的 1 日龄幼虫（数量为需要蜂王数的 200%）
二次移虫	初次移虫后 30h	移其他健康蜂群的刚孵化（卵由直立到躺倒时）小幼虫（数量为 200%）

（续）

工作程序	时间安排	备　注
三次移虫	二次移虫后 12h	移种用母群的刚孵化（卵由直立到躺倒时）小幼虫（数量为 200%）
组织交尾蜂群	三次移虫后 9 天	亦可分蜂（数量为 200%）
分配王台	三次移虫后 10 天	
蜂王羽化	三次移虫后 12 天	
蜂王交配	羽化后 8～9 天	
新王产卵	交配后 2～3 天	
提交蜂王	产卵后 2～7 天	

（3）**育王记录**　人工育王是一项很重要的工作，应将育王过程和采取的措施详细记录存档（表6-2），以提高育王质量和备查。

表6-2　人工育王记录表

父系		母系		育王群		移虫					交尾群				完成日期
品种	蜂王编号	育雄日期	品种	蜂王编号	品种	群号	组织日期	移虫方式	日期	时刻	移虫数量	接受数量	封盖日期	组织日期	分配台数	羽化数量	新王数量	

2. 操作规程

（1）**制作蜂蜡台基**　人工育王使用塑料或蜂蜡台基。蜂蜡台基的制作方法：先将蜡棒置于冷水中浸泡半小时，选用蜜盖蜡放入熔蜡罐内（罐中可事先加少量水）加热，待蜂蜡完全熔化后，把熔蜡罐置于约75℃的热水中保温，除去浮沫。然后，将蜡棒甩掉水珠并垂直浸入蜡液7mm处，立即提出，稍停片刻再浸入蜡液中，如此2～3次，浸入的深度一次比一次浅。最后把蜡棒插入冷水中，提起，用左手食、拇二指压、旋，将蜂蜡台基卸下备用（图6-11）。

（2）**粘装蜂蜡台基**　取 1 根筷子，端部与右手食指挟持蜂蜡台基,并使蜂蜡台基端部蘸少量蜡液,垂直地粘在台基条上,每条10个为宜(图6-12)。

图6-11　制作蜂蜡台基　　　　图6-12　粘蜂蜡台基

(3)修补蜂蜡台基　将粘好的蜂蜡台基条装进育王框中,再置于哺育群中3~4h,让工蜂修正蜂蜡台基近似自然台基,即可提出备用。利用塑料台基育王,须在蜂群修正12个h左右。

(4)移虫　从种用母群中提出1日龄内的虫脾,左手握住框耳,轻轻抖动,使蜜蜂跌落箱中,再用蜂扫扫落余蜂于巢门前。虫脾平放在木盒中或隔板上,使光线照到脾面上,再将育王框置其上,除转动待移虫的台基条使其台基口向上斜外,其他台基条的蜂蜡台基口朝向里。

采用三次移虫的方法,移取种用幼虫前42h,需从其他健康蜂群中移1日龄龄幼虫,并放到养王群中哺育,第二天下午取出,用消毒和清洗过的镊子夹出王台中的幼虫,操作时不得损坏蜂王浆状态,随即将其他健康蜂群中刚孵化幼虫移入,第三天早上取出小幼虫,将种群刚孵化的小幼虫移到王台中原来幼虫的位置。

第一次移虫选择巢房底部蜂王浆充足、有光泽、孵化约24h的工蜂幼虫房,将移虫针的舌端沿巢房壁插入房底,从蜂王浆底部越过幼虫,顺房口提出移虫针,带回幼虫,将移虫针端部送至蜂蜡台基底部，推动推杆，移虫舌将幼虫推向台基的底部，退出移虫针。

移虫结束，立即将育王框（图6-13）放进哺育群中。

3. 交尾群管理措施

交尾场地须开阔，蜂箱置于地形、地物明显处（图6-14）。在蜂箱前壁贴上黄、绿、蓝、紫等颜色，帮助蜜蜂和处女蜂王辨认巢穴，而附近的单株小灌木和单株大草等，都能作为交尾箱的自然标记。

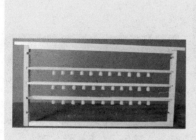

图6-13　移好蜂王幼虫的育王框

图6-14　育王场

（1）大群交尾管理措施

1）组织交尾群。利用原蜂群（生产群）作交尾群，多数与防治蜂螨或生产蜂蜜时的断子措施相结合，须在介绍王台前的1天下午提出原群蜂王，第2天介绍王台，上下继箱各介绍1个王台，分别从下巢门和上巢门（继箱下沿隔王板上的巢门）出入。

2）分配王台。移虫后第10～11天为介绍王台时间，两人配合，从哺育群提出育王框，不抖蜂，必

> ◯ 【小经验】大群作交尾群，蜂王交配时间会延迟2～3天。

要时用蜂刷扫落框上的蜜蜂。一人用薄刀片紧靠王台条面割下王台，一人将王台镶嵌在蜂巢中间巢脾下角空隙处。在操作过程中，防止王台冻伤、震动、倒置或侧放。

3）检查管理。介绍王台前开箱检查交尾群中有无王台、蜂王，3天后检查处女蜂王羽化和质量；处女蜂王羽化后6～10天，在上午10点前或下午17点后检查处女蜂王交尾或丢失与否；羽化后12～13天检查新王产卵情况，若气候、蜜源、雄蜂等条件都正常，应将还

未产卵或产卵不正常的蜂王淘汰。

严防盗蜂，气温较低对交尾群进行保暖处置，高温季节做好通风遮阳工作，傍晚对交尾群奖励饲喂促进处女蜂王提早交尾。

（2）小群交尾管理措施　在分区管理中，用闸板把巢箱分隔为较大的繁殖区和较小的、巢门开在侧面的处女蜂王交尾区，并用覆布盖在框梁上，与繁殖区隔绝。在交尾区放1框粉蜜脾和1框老子脾，蜂数2脾，第2天介绍王台。

或用一只标准郎氏巢箱1分4组织交尾群，在介绍王台前1天的午后进行，蜂巢用闸板隔成4区，

> ➡ **【小经验】** 小群作交尾群，节省蜜蜂，蜂王交配时间早。

覆布置于副盖下方使之相互隔断，每区放2张标准巢脾，东西南北分别开门。从强群中提取所需要的子、粉、蜜脾和工蜂，以5 000只蜜蜂为宜。除去自然王台后分配到各专门的交尾区中，并多分配一些幼蜂，使蜂多于脾。其他管理与大群相同。

三 更换蜂王

利用大群交尾管理法，一次育王交尾成功率一般在原有蜂群数量的125%以上。蜂王育成后及时淘汰劣质蜂王，蜂群进入正常的繁殖状态。

如果是专用交尾箱新王已产卵，对质量合格的蜂王及时交付生产蜂群或繁殖蜂群，及时淘汰劣质蜂王。

1. 优选蜂王

优质蜂王产卵量大、控制分蜂的能力强。从外观判断，蜂王体大匀称、颜色鲜亮、行动稳健。

2. 装笼邮寄

通过购买和交换引进蜂王，推广良种，需要把蜂王装入王笼里邮寄，用炼糖作为饲料，正常情况下，路程时间在1周左右是安全的。

（1）带水邮寄　王笼一端装炼糖，炼糖上面盖1片塑料，另一端塞上脱脂棉，向脱脂棉注水半饮料瓶盖。将蜂王和7只年青工蜂装在中间两室，然后套上纱袋，再用橡皮筋固定，最后装进牛皮纸

第六章
良种繁育

信封中，用快递（集中）投寄（图6-15）。

（2）无水邮寄　王笼两侧凿开2mm宽的缝隙，深与蜜蜂活动室相通，一端装炼糖，炼糖上部覆盖一片塑料，中间和另一端装蜂王和6～7只年青工蜂，然后用铁纱网和订书针封闭，再数个并列，用胶带捆绑四面，留侧面透气，最后固定在有穿孔的快递盒中邮寄（图6-16）。

图6-15　带水蜂王邮寄法

3. 更换蜂王

接到蜂王后，首先打开笼门，将王笼中的工蜂放出，然后关闭笼门，再将王笼贮备炼糖的一端朝上，最后把邮寄王笼置于无王群相邻两巢脾框耳中间（图6-17），3天后无工蜂围困王笼时，再放出蜂王。

图6-16　无水蜂王邮寄法

图6-17　导入蜂王

也可将蜂王装进竹丝王笼中，用报纸裹上 2~3 层，在笼门一侧用针刺出多个小孔，然后抽出笼门的竹丝，并在王笼上下孔注入几滴蜂蜜，最后将王笼挂在无王群的框耳上，3 天后取出王笼。

在导入蜂王之前，须检查蜂群，提出原有蜂王，并将王台清除干净。

将贵重蜂王导入蜂群时，可在正常蜂群的铁纱副盖上加继箱，从其他群抽出正出房的子脾 2 张，清除蜜蜂后放进继箱中央，随即将蜂王放在巢脾上，盖上副盖、箱盖，另开异向巢门供出入，注意保温。

放出蜂王后，如果发现工蜂围王，应将围王蜂团置于温水中，待蜜蜂散开，找出蜂王。如果蜂王没有死亡或受伤，就采取更加安全的方法再次导入蜂群。

第四节　人工分蜂

人工分群也称生产蜂群，是根据蜜蜂的生物学习性，有计划有目的地在适宜的时候增加蜂群数量，扩大生产和避免自然分蜂造成损失的一项有效措施。以分蜂扩大规模的蜂场，应早养王、早分蜂。人工分蜂的时间，河南省在采过刺槐蜜后即可及时进行，或在油菜蜜源花期，结合换王分群。

一　分群方法

（1）**强群平分法**　先将原群蜜蜂向后移出 1m，取两个形状和颜色一样的蜂箱，放置在原群巢门的左右，两箱之间留 0.3m 的空隙，两箱的高低和巢门方向与原群相同，然后把原群内的蜂、卵、虫、蛹和蜜粉脾分为相同的两份，分别放入两箱内，一群用原来的蜂王，另一群在 24h 后诱入产卵蜂王。分蜂后，外勤蜂飞回找不到原箱时，会分别投入两箱内；如果蜜蜂有偏集现象，可将蜂多的一群移远点，或将蜂少的一群向中间移近一点。

这种方法，能使两群都有各龄蜜蜂，各项工作能够正常进行，蜂群繁殖也较快，宜在距离主要采蜜期 50 天左右进行。

（2）**强群偏分法**　从强群中抽出带蜂和子的巢脾 3~4 张组成小

群，如果不带王，则介绍 1 个成熟王台，成为 1 个交尾群。如果小群带老王，则给原群介绍 1 只产卵新王或成熟王台。分出群与原群组成主、副群饲养，通过子、蜂的调整，进行群势的转换，以达到预防自然分蜂和提高产值的目的。

（3）多群分一群 选择晴朗天气，在蜜蜂出巢采集高峰时候，分别从超过 10 框蜂和 7 框子脾的蜂群中，各抽出 1~2 张带幼蜂的子脾，合并到 1 只空箱中。次日将巢脾并拢，调整蜂路，介绍蜂王，即成为一个新蜂群。

这个方法多用于大泌蜜期较近时分蜂。因为是从若干个强群中提蜂、子组织新分群，故不影响原群的繁殖，并有助于预防分蜂热的发生，在主要泌蜜期到来时新分群还能壮大起来，达到分蜂促进繁殖和增收的目的。

（4）双王群分蜂 在距主要蜜源开花较近时，按偏分法进行，仅提出两脾带蜂带王、有一定饲料的子脾作为新分群，原箱不动变成 1 个强群。

距离主要蜜源开花 50 天左右，采取平分法。每只蜂王各带一半工蜂、子脾和饲料自成一群。

二 管理措施

新分群的蜜蜂应以幼蜂为主，保证饲料充足，第二天给介绍产卵蜂王或成熟王台，王台安装在中间脾的两下角处或脾下缘。

新分群的位置要明显，新王产卵后须有 3 框足蜂的群势，不足的要补蜂补子，保持蜂脾相称或蜂略多于脾，各阶段的蜂龄尽可能合理。哺育蜂少的新分群，其卵脾可提到大群哺育，随着群势的发展，要适时加空脾和加巢础框造脾。

—— 第七章 ——
蜜蜂保护措施

第一节　蜂病防治概述

一　蜜蜂疾病概况

蜜蜂受到微生物、毒物或天敌的危害，以及食物或天气等的影响，造成个体死亡、群势下降，或蜂群丧失生产能力、直至群体消失。

1. 蜜蜂的病害

蜜蜂病害可由微生物、营养和天气等引起。微生物引起的蜂病会传染，营养和天气引起的蜂病不传染。

（1）蜂病的表现

1）蜂群生病造成群势下降，失去生产能力。

2）蜜蜂个体行为失常，器官畸形，颜色灰暗，体质衰弱，寿命缩短，直至死亡。例如，蜜蜂在地上爬行、腹部膨胀、追击人畜、幼虫腐烂、翅膀残废、散发臭气、露头蜂蛹、子脾出现"花子"和"穿孔"等等。

（2）蜂病的传播　在一群蜂中，病原微生物通过蜜蜂取食、喂养和接触感染，形成水平传播，还通过蜂王直接传递给子代。在蜂群之间，蜜蜂迷巢、偷盗或管理（人）传播，转地放蜂和交换蜂王，是远距离、大面积传播疾病的途径。

2. 天敌和毒害

天敌取食蜜蜂，化学毒物药死蜜蜂。寄生性天敌能传播，毒物和捕食蜜蜂的天敌所造成的危害不传播，但都会对蜂群产生严重的伤害。

二 蜜蜂健康管理

1. 蜜蜂保健

（1）食物 蜜蜂的饲料有蜂蜜、蜂粮、蜂乳和水，在无病敌害的情况下，保持蜂群充足、优质的饲料，群势在15 000只蜜蜂以上，蜂脾比大于1∶1或相当，蜂儿营养充足，生长发育良好，工蜂寿命长，抗病能力强，则蜂群健康有活力。在食物短缺季节，及时补充白糖糖浆和蛋白质饲料。

> ➡ **【提示】** 变质的、受污染的饲料会使蜜蜂得病。

（2）卫生 及时更换巢脾，意蜂两年轮换一遍，中蜂年年更新。挑选环境较好的地方作为放蜂场地，并搞好环境卫生，坚持供给蜜蜂清洁饮水。

严格控制蜂群间的蜂、子调换，防止人为传播病害。

（3）饲养强群 强群蜂多，繁殖力、生产力和抗病力强。

（4）管好蜂王 交换（移虫培养或购买）蜂王不得带入病虫害，年年更新蜂王，有计划地改良蜂种，防止过度近亲繁殖。

2. 蜂病预防

（1）抗病育种 在生产过程中，坚持长期选择抗病力、繁殖力和生产力好的蜂群来培育雄蜂和蜂王。通过抗病育种，已获得抗囊状幼虫病的中蜂和抗蜂螨的意蜂。

（2）重视消毒 利用清扫、洗刷和刮除等减少病源物在蜂箱、蜂具和蜂场内的存在，通过暴晒或火焰烧烤消灭蜂具上的微生物。化学消毒是使用最广的消毒方法，常用于场地、蜂箱、巢脾等。在生产实践中，人们交换蜂胶，用75%的酒精浸泡后喷洒蜂巢、蜂具，对爬蜂病、白垩病有一定的消杀作用。常用消毒剂使用浓度和特点见表7-1。

表7-1　常用消毒剂使用浓度和特点

消　毒　剂	使用浓度	消杀对象及特点
乙醇（C_2H_5HO）	70%～75%	花粉、工具消毒。喷雾或擦拭，喷洒后密闭12h

消 毒 剂	使用浓度	消杀对象及特点
生石灰（CaO）	10%~20%	杀灭病毒、真菌、细菌、芽孢。蜂具浸泡消毒。悬浮液须配现配，用于洒、刷地面、墙壁；石灰粉撒场地
喷雾灵（2.5%聚维酮碘溶液）	500倍液	杀灭病毒、支原体、真菌、衣原体、细菌及其芽孢。喷雾、冲洗、擦拭、浸泡，作用时间不小于10min；5000倍液作饮水消毒
过氧乙酸	0.05%~0.5%	蜂具消毒，1min可杀死芽孢
冰乙酸（CH₂COOH）	80%~98%	杀灭蜂螨、孢子虫、阿米巴、蜡螟的幼虫和卵。每箱用10~20mL。以布条为载体，挂于每个继箱，密闭24h，气温小于或等于18℃，熏蒸3~5天
硫黄（燃烧产生SO₂）	3~5g/箱	杀灭蜂螨、蜡螟、真菌。用于花粉、巢脾的熏蒸消毒

注：除硫黄外，其他均为水溶液。针对疫情使用消毒剂。浸泡和洗涤的物品，用清水冲洗后再用；熏蒸的物品，须置空气中72h后才可使用。

三 药物治疗措施

（1）治疗原则 把发病群和可疑病群送到不易传播病原体、消毒处理方便的地方隔离治疗，有病群用的蜂具和产品未经消毒处理不得带回健康蜂场。如果是恶性或国内首次发现的传染病，或已失去经济价值的带菌（毒）群，都应就地焚烧处理。对被隔离的蜂群，经过治疗且经过该传染病2个潜伏期后，没有再发现蜜蜂症状，才可解除隔离。

（2）选用药物 先作出诊断，确定病原后，对症选取高效低毒药物。一般对细菌病，常选用盐酸土霉素可溶性粉、红霉素和氟哌酸等药物；对真菌病，则选用杀真菌药物，如制霉菌素、二性霉素 B 和食醋等；对病毒病，则选用抗病毒药，如病毒灵、盐酸金刚烷胺粉（13%）、肽丁胺粉（4%）和抗毒类中草药糖浆等；对螨类敌害，可选用氟氯苯氰菊酯条、甲酸乙醇溶液、双甲脒条、氟胺氰菊酯条等。

（3）注意事项

1）交替使用药物，防止病原产生抗药性。

蜜蜂保护措施 第七章

161

2）按说明准确配制、使用药剂。

3）抓住关键时机用药，省工省力，疗效卓著。例如，在蜂群断子期治螨，只需连续用药 2～3 次，即可全年免生螨害。

4）防止污染产品。不使用违禁药品，严格遵守休药期。

5）慎重用药，防止药害。与运输蜂群一样，对蜂群的每一次施药都是一次伤害，严重者施药 2h 后即引起爬蜂后果。

第二节　蜜蜂病害防治

一　蜜蜂营养病

（1）病因　在蜜蜂饲料中，糖类、脂类、蛋白质、维生素、微量元素等缺乏或过多，都会引起蜜蜂营养代谢紊乱而发病。

（2）诊断　缺少食物，幼虫干瘪，被工蜂抛弃；幼龄蜂体质差、个体小、寿命短、并伴随卷翅等畸形，爬死；成年蜜蜂早衰、寿命短；蜂群生产能力降低。在没有蜂蜜的情况下会饿死（图 7-1）。

图 7-1　分享最后 1 滴甜蜜
（引自　黄智勇）

饲料不良还会导致拉稀病，蜜蜂体色深暗、腹部膨大、行动迟缓、飞行困难，并在蜂场及其周围排泄黄褐色、有恶臭气味的稀薄粪便，为了排泄，常在寒冷天气爬出箱外，冻死在巢门前。

（3）防治　把蜂群及时运到蜜源丰富的地方放养或补充饲料，在天气恶劣或蜜源缺乏的条件下，应暂停蜂王浆、雄蜂蛹等营养消耗大的生产活动；在蜜蜂活动季节，要根据蜂数、饲料等具体情况来繁殖蜂群，并努力保持巢温的稳定。蜂群越冬，提前喂足，慎用果葡糖浆喂蜂。

> **【提示】** 越冬饲料、早春繁殖蜂群，不得使用果葡糖浆及花粉代用品。

二 幼虫腐臭病

1. 美洲幼虫腐臭病

（1）病原 幼虫细菌病，由幼虫芽孢杆菌引起，多感染意蜂。

（2）诊断 烂虫有腥臭味，有黏性，可拉出长丝。死蛹吻前伸，如舌状。封盖子色暗，房盖下陷或有穿孔（图7-2）。

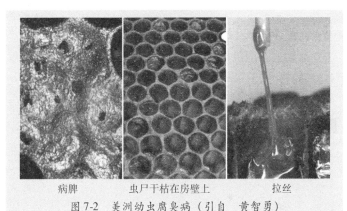

| 病脾 | 虫尸干枯在房壁上 | 拉丝 |

图7-2 美洲幼虫腐臭病（引自 黄智勇）

2. 欧洲幼虫腐臭病

（1）病原 幼虫细菌病，由蜂房球菌引起，该病多感染中蜂。

（2）诊断 观察脾面是否"花子"，再检查是否有移位、扭曲或腐烂于巢房底的小幼虫。体色由珍珠白变为淡黄色、黄色、浅褐色，直至黑褐色。当工蜂不及时清理时，幼虫腐烂，

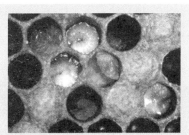

图7-3 欧洲幼虫腐臭病
（引自 黄智勇）

并有酸臭味，稍具黏性，但拉不成丝，易清除（图7-3）。

3. 防治

（1）预防 抗病育种，更换蜂王；禁止患病蜂群移动，焚烧患病蜂群，彻底消毒；选择蜜源丰富的地方放蜂，保持蜂多于脾。

（2）治疗

1）每10框蜂用红霉素0.05g，加250mL50%的糖水喂蜂，或250mL25%的糖水喷脾，每2天喷1次，5~7次为一个疗程。

2）用盐酸土霉素可溶性粉200mg（按有效成分计），加1:1的糖水250mL喂蜂，每4~5天喂1次，连喂3次，采蜜之前6周停止给药。

> ➡ **【小经验】** 青霉素和链霉素合用能治疗大多数细菌病。

上述药物要随配随用，防止失效。研碎后加入花粉中，做成饼喂蜂也有效。用青链霉素80万单位防治一群，加入20%的糖水中喷脾，隔3天喷1次，连治2次。

三 囊状幼虫病

（1）病原 囊状幼虫病是一种常见的蜜蜂幼虫病毒病，由蜜蜂囊状幼虫病毒引起，中蜂、意蜂都有发生。

（2）诊断 蜂群发病初期，子脾呈"花子"症状；当病害严重时，患病的大幼虫或前蛹期死亡，巢房被咬开，呈"尖头"状；幼虫的头部有大量的透明液体聚积，用镊子小心夹住幼虫头部将其提出，幼虫则呈囊袋状。死虫逐渐由乳白变至褐色，当虫体水分蒸发，会干成一黑褐色的鳞片，头尾部略上翘，形如"龙船"状；死虫体不具黏性，无臭味，易清除（图7-4）。

> ➡ **【小经验】** 中蜂成年蜜蜂被病毒感染后，寿命缩短。

（3）防治

1）预防

① 抗病育种。选抗病群（如无病群）作为父、母群，经连续选育，可获得抗囊状幼虫病的蜂群。

② 管理措施。补足饲料，保持蜂多于脾；将蜂群置于环境干燥、通风、向阳和僻静处饲养，少惊扰可减少蜂群得病。

③ 更换蜂王。早养王，早换王。

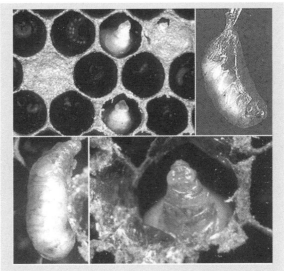

图7-4 囊状幼虫病症状（引自 黄智勇）

2）治疗

① 中药。半枝莲（或海南金不换根，河南叫牛舌头蒿）榨汁，配成浓糖浆后，灌脾饲喂，饲喂量以当天吃完为度，连续多次，一群蜂的用量与一个人的用量相同。

② 西药。13%盐酸金刚烷胺粉2g（或片0.2g），加25%的糖水1 000mL喷脾，每2天喷1次，连用5~7次。

（1）病原 白垩病是西方蜜蜂的一种幼虫病，广泛分布于各养蜂地区。病原是大孢球囊霉和蜜蜂球囊霉。

（2）诊断 在箱底或巢脾上见到长有白色菌丝或黑白两色的幼虫尸，箱外观察可见巢门前堆积像石灰子一样的或白或黑的虫尸（图7-5，图7-6）。雄蜂幼虫比工蜂幼虫更易受到感染。

（3）防治

1）预防。春季在向阳温暖和干燥的地方摆放蜂群，保持蜂箱内干燥透气。防治蜂螨。不饲喂带菌的花粉，外来花粉应消毒后再用。焚烧病脾，防止传播。

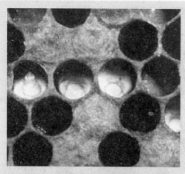

图7-5 白垩病（引自 黄智勇） 图7-6 白垩病蜂尸（引自 黄智勇）

2）治疗

① 每10框蜂用制霉菌素200mg，加入250mL50%的糖水中饲喂，每3天喂1次，连喂5次；或用制霉菌素（1片/10框）碾粉掺入花粉饲喂病群，连续7天。

② 用喷雾灵（25%聚维酮碘）稀释500倍液，喷洒病脾和蜂巢，每2天喷1次，连喷3次。空脾用该溶液浸泡0.5h。

> ➡ 【小经验】 在有些时候，转移蜂场，把蜂群安置在干燥、通风的地方，白垩病会不治而愈。

五 成年蜜蜂螺原体病

（1）**病原** 蜜蜂螺原体病是西方蜜蜂的一种成年蜂病害，病原为蜜蜂螺原体，是一种螺旋形、能扭曲和旋转运动、无细胞壁的原核生物。我国南方在4~5月为发病高峰期，东北一带6~7月为发病高峰期。

（2）**诊断** 病蜂腹部膨大，行动迟缓，不能飞翔，在蜂箱周围爬行。病蜂中肠变白、肿胀，环纹消失，后肠积满绿色水样粪便。此病原与孢子虫、麻痹病病毒等混合感染蜜蜂时，病情严重，爬蜂死蜂遍地，群势锐减。

在1 500倍显微镜暗视野下检查，见到晃动的小亮点，并拖有1条丝状体，做原地旋转或摇动，即可确诊。

（3）防治

1）预防。培育健康的越冬蜂，留足优质饲料，给蜂群选择干燥、向阳的场所越冬。对撤换下来的箱、脾等蜂具及时消毒。

2）治疗。每 10 框蜂用红霉素 0.05g，加入 250mL50% 的糖水中喂蜂，或将药物加入 25% 的糖水喷脾，每 2 天喂（喷）1 次，5～7 次为 1 疗程。

六 成年蜜蜂微孢子虫病

（1）病原 蜜蜂微孢子虫病是西方蜜蜂成年蜂病，冬、春发病率较高，造成成年蜂寿命缩短，春繁和越冬能力降低。病原为蜜蜂微孢子虫和东方蜜蜂微孢子虫。

（2）诊断 病蜂行动迟缓，腹部膨大、拉伸，腹部末端呈暗黑色。当外界连续阴雨潮湿时，有下痢症状。用拇指和食指捏住成年蜂腹部末端，拉出中肠，患病蜜蜂的中肠颜色变白、环纹消失、无弹性、易破裂。

（3）防治

1）预防。用冰醋酸、福尔马林加高锰酸钾熏蒸消毒蜂箱、巢脾等蜂具。优质白糖喂蜂，适当添加山楂汁或柠檬酸（0.1%），不用代用饲料，场地通风，采取措施促进蜜蜂排泄。

2）治疗

① 酸饲料。在每升糖浆或蜂蜜中加入 1g 柠檬酸或 4mL 食醋，每 10 框蜂每次喂 250mL，2～3 天喂 1 次，连喂 4～5 次，可抑制孢子虫的侵入与增殖。

② 西药。用烟曲霉素加入糖浆（25mg/L）中喂蜂治疗。

七 成年蜜蜂麻痹病

（1）病原 有急性麻痹病和慢性麻痹病两种，多发生在春秋两季，是西方蜜蜂成年蜂病害。病原为蜜蜂急性麻痹病病毒和慢性麻痹病病毒。

（2）诊断 患急性麻痹病的蜜蜂死前颤抖，并伴有腹部膨大症状。患慢性麻痹病的蜜蜂，一种为大肚型，病蜂双翅颤抖，腹部因蜜囊充满液体而肿胀，翅展开，不能飞翔，在蜂箱周围或草上爬行，有时许多病蜂在箱内或箱外聚集；一种为黑蜂型，病蜂体表绒毛脱落，腹部末节油黑发亮，个体略小于健康蜂，颤抖，不能飞翔，常被健康蜜蜂攻击和驱逐（图7-7）。

（3）防治

1）预防。蜂螨是麻痹病毒携带者之一，防治蜂螨，减少传播。选育抗病品种，更换蜂王。加强饲养管理，春季选择向阳干

图7-7　蜜蜂麻痹病病蜂

燥地方、夏季选择半阴凉通风场所放蜂群，及时清除病蜂、死蜂。

2）治疗。用升华硫4~5g/群，撒在蜂路、巢框上梁、箱底，每周1~2次，用来驱杀病蜂。

4%酞丁胺粉12g，加50%糖水1L，每10框蜂每次250mL，洒向巢脾喂蜂，2天1次，连喂5次，采蜜期停用。

八　成年蜜蜂爬蜂综合征

（1）病原　蜂爬综合征感染西方蜜蜂，4月为发病高峰期，病原有蜜蜂微孢子虫、蜜蜂马氏管变形虫、蜜蜂螺原体、奇异变形杆菌等。另外，不良饲料造成蜜蜂消化障碍，也会引起蜂爬综合征。

> ➡ **【提示】**　发病与环境条件密切相关，当温度低、湿度大时病害重。

（2）诊断　患病蜜蜂多在凌晨（4点左右）爬出箱外，行动迟缓，腹部拉长，有时下痢，翅微上翘。染病前期，可见病蜂在巢箱周围蹦跳，无力飞行，后期在地上爬行，于沟、坑处聚集，最后抽搐死亡。死蜂伸吻、张翅。病蜂中肠变色，后肠膨大，积满黄或绿色粪便，时有恶臭。还有些病蜂腹部膨胀、体色湿润，挤在一堆。

（3）防治 蜜蜂爬蜂，重在预防，除饲养强群、保持饲料优质充足外，还须注意以下几点：

1）挑选环境。选择干燥、向阳的越冬及春繁场地。保持蜂巢干燥、透气和蜂多于脾。利用气温在10℃以上的中午，促进蜜蜂排泄，翻晒保暖物品，慎用塑料薄膜封盖蜂箱。

2）适度生产。适时停产蜂王浆，培育适龄健康的越冬蜂。供给蜂群充足优良的饲料。加喂酒石酸、食醋等酸味剂，抑制病原物的繁殖，不用代用品。春季不过早繁殖。

3）消毒。每年秋季对蜂具消毒。

第三节　蜜蜂天敌控制

蜜蜂天敌包括取食蜜蜂和吮吸蜜蜂体液的所有可见动物。

一　蜂螨

蜂螨主要有大蜂螨和小蜂螨，是西方蜜蜂的主要寄生性敌害。

1. 大蜂螨

大蜂螨，为寄生性螨类，一生经过卵、若螨和成螨（图7-8）3个阶段，在8～9月危害最严重。

（1）习性 大蜂螨成螨寄生在成年蜜蜂体上，靠吸食蜜蜂的血淋巴生活；卵和若螨寄生在蜂儿房中，以蜜蜂虫和蛹的体液为营养生长发育。

图7-8　大蜂螨腹面

（2）危害与诊断 被寄生的成年蜂烦躁不安，体质衰弱，寿命缩短。幼虫受害后，有些在蛹期死亡，而羽化出房的蜜蜂畸形、翅残，失去飞翔能力，四处乱爬（图7-9）。受害蜂群，繁殖和生产能力下降，群势迅速衰弱，直至全群灭亡。

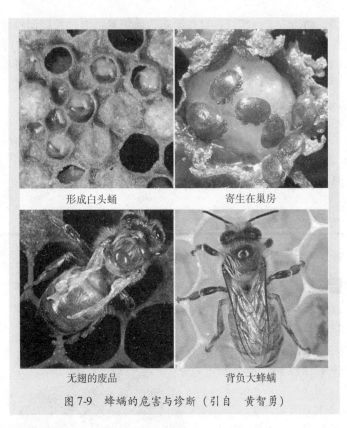

形成白头蛹	寄生在巢房
无翅的废品	背负大蜂螨

图 7-9　蜂螨的危害与诊断（引自　黄智勇）

2. 小蜂螨

小蜂螨（图 7-10），为寄生性螨类，一生也经过卵、若螨和成螨 3 个阶段。

（1）习性　小蜂螨主要生活在大幼虫房和蛹房中，很少在蜂体上寄生，在蜂体上只能存活 2 天。小蜂螨在巢脾上爬行迅速，在河南省，小蜂螨 5 ~ 9 月份都能危害蜂群，8 月低 9 月初最为严重，生产上，6

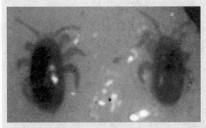

图 7-10　成年小蜂螨

月份就需要对小蜂螨进行防治。

（2）**危害与诊断**　小蜂螨靠吸食幼虫和蛹的淋巴生活，造成幼虫和蛹大批死亡和腐烂，封盖子房有时还会出现小孔，个别出房的幼蜂，翅残缺不全，体弱无力。

> ◐ 【提示】　小蜂螨的危害比较隐蔽，引起见子不见蜂的现象。其造成的损失往往超过大蜂螨。

（3）**防治**

1）预防。选育抗螨蜂种，及时更新蜂王。积极造脾，更新蜂巢。

2）治疗。防治蜂螨有断子期治疗和繁殖期治疗两种不同的方法。

① 断子期药物治螨。切断蜂螨在巢房寄生的生活阶段，用药喷洒巢脾，时间选择早春无子前、秋末断子后，或结合育王断子和秋繁断子进行。常用的药剂有杀螨剂 1 号、绝螨精等水剂，按说明加溶剂稀释，置于手动喷雾器中或两罐雾化器中喷洒防治。

a. 手动喷雾器喷洒：将巢脾提出置于继箱后，先对巢箱底进行喷雾，使蜂体上布满水滴，再取一张报纸，铺垫在箱底上，左手提出巢脾（抓中间），右手持手动喷雾器，距脾面 25cm 左右，斜向蜜蜂喷射 3 下，喷过一面，再喷另一面，然后放入蜂巢，再喷下一脾，最后，盖上副盖、覆布、大盖。第二天早晨打开蜂箱，卷出报纸，检查治螨效果。

b. 两罐雾化器喷洒：药物为杀螨剂，载体为煤油，比例为 1:6。先按比例配好药液，装进药液罐。在燃烧罐中加入适量酒精，点燃，使螺旋加热管温度升高。然后，手持雾化器，将喷头通过巢门或钉孔插入箱中，对着箱内空处，压下动力系统的手柄 2～3 下，密闭10min 即可。

② 繁殖期药物治螨。蜂群繁殖期，卵、虫、蛹、成蜂四虫态俱全，既有寄生在成年蜜蜂体上的成年蜂螨，也有寄生在巢房内的螨卵、若螨和成螨，应设法造成巢房内的螨与蜂体上的螨分离，分别防治；或者选择既能杀死巢房内的螨又能杀死蜂体上螨的药物，采

用特殊的施药方法进行防治。常用药剂有螨扑（如氟胺氰菊酯条、氟氯苯氰菊酯条）（图7-11）、升华硫、杀螨剂等。使用前，都需要做药效试验。

◆【提示】 有些螨扑对幼蜂毒害大，注意爬蜂问题。

a. 每群蜂用药2片，弱群1片，将药片固定在第二个蜂路巢脾框梁上，对角悬挂，1周后再加1片（图7-12）。使用的螨扑一定要有效。

图7-11 螨扑

图7-12 防治蜂螨

b. 分巢轮治（蜂群轮流治螨）：将蜂群的蛹脾和幼虫脾带蜂提出，组成新蜂群，导入王台；蜂王和卵脾留在原箱，待蜂安定后，用杀螨水剂或油剂喷雾治疗。新分群先治1次，待群内无子后再治2次。

③ 升华硫治小蜂螨

a. 将杀螨剂和升华硫混合（升华硫500g + 20支杀螨剂，可治疗600~800框蜂），用纱布包裹，抖落封盖子上的蜜蜂，使脾面斜向下，然后将药涂在封盖子的表面。

b. 升华硫500g + 20支杀螨剂 + 4.5kg水，充分搅拌，然后澄清，再搅匀。提出巢脾，抖落蜜蜂，用羊毛刷浸入上述药液，提出，刷抹脾面。脾面斜向下，先刷向下的一面，避免药液漏入巢房内，刷完一面，反转后再刷另一面。

◆【提示】 不向幼虫脾涂药，并防止药粉掉入幼虫房中。涂抹尽可能均匀、薄少，防止爬蜂等药害。在河南省和山西省，6月份防治小蜂螨。

二 蜡螟

蜡螟有大蜡螟和小蜡螟2种。

大蜡螟（图7-13）和小蜡螟（图7-14），为蛀食性昆虫，一生经过卵、幼虫、蛹和成虫4个阶段，在5~9月危害最严重。

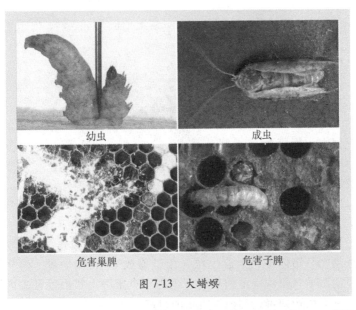

幼虫　　　　　　　　　成虫

危害巢脾　　　　　　　危害子脾

图 7-13　大蜡螟

幼虫与危害状　　　　　　成虫与危害状

图 7-14　小蜡螟（引自 www.beecare.com index；黄智勇）

（1）习性　大蜡螟一年发生 2～3 代，小蜡螟一年发生 3 代，它们白天隐匿，夜晚活动，于缝隙间产卵。

（2）危害与诊断　蜡螟以其幼虫（又称巢虫）蛀食巢脾、钻蛀隧道，危害蜜蜂的幼虫和蛹，成行的蛹的封盖被工蜂啃去，造成"白头蛹"，影响蜂群的繁殖，严重者迫使蜂群逃亡。此外，蜡螟还破坏保存的巢脾，并吐丝结茧，在巢房上形成大量丝网，使被害的巢脾失去使用价值。

（3）防治

1）预防。蜂箱严实无缝，不留底窗；摆放蜂箱要前低后高，左右平衡；饲养强群，保持蜂多于脾或蜂、脾相称；筑造新脾，更换老脾。

图 7-15　磷化铝

2）防治。用磷化铝（图 7-15）熏蒸消灭蜡螟。先把巢脾分类、清理后，每个继箱放 10 张，箱体相叠，用塑料膜袋套封，每箱体框梁上放一粒（用纸盛放），密闭即可。磷化铝主要用于熏蒸贮藏室中的巢脾，也用于巢蜜脾上蜡螟等害虫的防除，一次用药即可达到消灭害虫的目的。

三　胡蜂

胡蜂分布在我国南方各省，为夏秋季节蜜蜂的主要敌害（图 7-16）。

危害蜜蜂的主要是金环胡蜂、黑盾胡蜂和基胡蜂。

（1）习性　胡蜂是社会性昆虫，群体由蜂王、工蜂和雄蜂组成，杂食。单个蜂王越冬，第二年 3 月繁殖建群，8～9 月危害猖獗。

（2）危害与诊断　中小体型的胡蜂，常在蜂箱前 1～2m 处盘旋，寻找机会，抓捕进出飞行的蜜蜂；体型大的胡蜂，除了在箱前飞行捕捉蜜蜂外，还能伺机扑向巢门直接咬杀蜜蜂，若有多只胡蜂，还

图7-16　胡蜂巢穴和头部

能攻进蜂巢中捕食，迫使中蜂弃巢逃跑。

（3）**防治**　利用矿泉水瓶，内置1/3、浓度为50%的糖水，悬挂在蜂场前，诱杀胡蜂（吴黎明，2013）。寻找胡蜂巢穴，利用药物毒杀，或在傍晚用火焚烧。

四　老鼠

老鼠是蜜蜂越冬季节的重要敌害。危害蜜蜂的主要是家鼠和田鼠，哺乳动物。

（1）**习性**　家鼠生活在人畜房舍，盗吃食物，田鼠生活在庄田，地下作巢。

（2）**危害与诊断**　在冬季，老鼠咬破箱体或从巢门钻入蜂箱中，一方面取食蜂蜜、花粉，啃咬毁坏巢脾，并在箱中筑巢繁殖，使蜂群饲料短缺，同时啃啮蜜蜂头、胸，把蜜蜂腹部遗留箱底。另一方面，鼠的粪便和尿液的浓烈气味，使蜜蜂骚动不安，离开蜂团而死，严重影响蜂群越冬，同时也污染了蜂箱、蜂具。

在早春或冬季，箱前有头胸不全、足翅分离的碎蜂尸和蜡渣，即可断定是老鼠危害。

（3）**防治**　把蜂箱巢门高做成7mm，能有效地防鼠进箱。在鼠经常出没的地方放置鼠夹、鼠笼等器具逮鼠。市售毒鼠药有灭鼠优、

第七章　蜜蜂保护措施

杀鼠灵、杀鼠迷、敌鼠等，按说明书使用，注意安全。

五　蜘蛛

蜘蛛是荆条花期采蜜工蜂的主要敌害。捕食蜜蜂的主要是游猎蜘蛛和结网蜘蛛，如三角蟹蛛（图7-17）等。

（1）习性　蜘蛛结网捕捉蜜蜂，或在花上捕捉蜜蜂。蜘蛛猎食时先用毒牙麻痹对方，分泌口水溶解猎物。

（2）危害与诊断　蜘蛛是荆条花期蜂群群势下降的主要原因之一，在蛛网上或花朵上经常可以看到蜘蛛捕食蜜蜂的场景。

（3）防治　预防方法是远离老荆多的地方放蜂。

图7-17　三角蟹蛛捕食蜜蜂
（引自 classweb. rges. tyc. edu. tw）

六　蟾蜍

蟾蜍俗称癞蛤蟆，属两栖纲蟾蜍科，是蜜蜂夏季的主要敌害之一。

（1）危害与诊断　根据形态判断。每只蟾蜍一晚上能吃掉数十只到100只以上的蜜蜂。

（2）防治　铲除蜂场周围的杂草，垫高蜂箱，黄昏或傍晚到箱前查看，尤其是阴雨天气，用捕虫网逮住蟾蜍，放生野外。

七　其他天敌

（1）狗熊　又名黑瞎子，它能搬走（或推翻）蜂箱，攫取蜂蜜。

预防方法是养狗放哨，放炮撵走。

（2）宽带鹿花金龟　主要危害中蜂。攀附巢脾，吸食蜂蜜。蜜蜂将其团团包围，使其窒息死亡，同时大量蜜蜂也因缺氧死亡。

预防方法是控制巢门高度，防止害虫进入。

（3）三斑赛蜂麻蝇　又称肉蝇、蜂麻蝇，是一种内寄生蝇，多危害中蜂，重庆、河南都有发生，风调雨顺年景严重。夏季，雌蝇在采集蜂体上产下幼虫，幼虫钻入蜜蜂体内，取食淋巴和肌肉。受害蜜蜂体色变淡、飞翔无力，行动迟缓，最后在痉挛、颤抖中死去。捕捉疑似病蜂，打开胸腔，看到麻蝇幼虫即可确诊。

防治方法是在箱盖上放置水盆诱杀成虫，将蜜蜂抖落箱外，隔离病蜂，集中焚烧消灭幼虫。

第四节　蜜蜂毒害预防

蜜蜂毒害有自然和人为因素，可分为植物毒害、农药毒害和环境毒害 3 种。

一　植物毒害

植物毒害包括有害花蜜、花粉、甘露蜜等。

1. 植物有害花蜜和花粉

植物花蜜或花粉中含有某些成分超量，蜜蜂食用后发生不适现象。主要有油茶、茶、枣等。

（1）茶花蜜中毒　茶树是我国南方广泛种植的重要经济作物，开花期为 9~12 月份，泌蜜量较大，花粉丰富且经济价值高，有利于蜂王浆生产。

1）诊断。幼虫腐烂，群势下降。

2）防治。在茶花期，每隔 1~2 天给蜂群饲喂 1:1 的糖水，饲喂量与蜂群采集茶花花蜜量相当，采蜜多就多喂，增加水的比例。

（2）油茶花中毒　油茶是我国长江中下游地区以及南方各省种植的重要油料作物。开花期为 9~11 月份。

1）诊断。成年蜂采集花蜜后腹部膨胀，无法飞行，直至死亡；幼虫取食油茶花蜜后表现为烂子。

2）防治。每天饲喂 1:1 糖水，尽早搬离油茶场地。

第七章　蜜蜂保护措施

(3) 枣花蜜中毒 枣是我国重要果树之一，也是北方夏季主要蜜源植物。5～6月开花。泌蜜量大，花粉少。

1）诊断。工蜂腹胀，失去飞翔能力，只能在箱外做跳跃式爬行；死蜂呈伸吻勾腹状，踩上去有轻微的噼啪爆炸声。蜂群群势下降。

2）防治。放蜂场地要通风，并有树林遮阳。采蜜期间，做好蜂群的防暑降温工作，一早一晚清扫场地并洒水，扩大巢门，蜂场增设饲水器。保持巢内花粉充足，可减轻发病。

> ○ **【小资料】** 枣花蜜中的 K^+、生物碱以及蜂群缺粉、高温和蛋白质食物中含有尘埃，是引起蜜蜂中毒、群势下降的原因。

2. 甘露蜜中毒

在外界蜜粉源缺乏时，蜜蜂采集某些植物幼叶分泌的甘露或蚜虫、介壳虫分泌的蜜露，引起消化不良而死亡。

(1) 诊断 成年蜂腹部膨大，无力飞翔。拉出消化道，可见蜜囊臌胀，中肠环纹消失，后肠有黑色积液。严重时幼蜂、幼虫和蜂王也会中毒死亡（图7-18）。

图7-18 蜜露蜜中毒

(2) 防治 选择蜜源丰富、优良的场地放蜂，保持蜂群食物充足，一旦蜜蜂采集了松柏等甘露或蜜露，要及时清理，给蜂群补喂含有复合维生素B或酵母的糖浆，并转移蜂场。

3. 有毒蜜源

我国常见的有毒蜜源植物有：藜芦、苦皮藤、喜树、博落回、曼陀罗、毛茛、乌头、白头翁、羊踯躅、杜鹃等。这些植物的花粉或花蜜含有对蜜蜂有害的生物碱、糖甙、毒蛋白、多肽、胺类、多糖、草酸盐等物质，蜜蜂采集后，受这些毒物的作用而生病。

(1) 诊断 因花蜜而中毒的多是采集蜂，中毒初期，蜜蜂兴奋，逐渐进入抑制状态，行动呆滞，身体麻痹，吻伸出；中毒后期，蜜蜂在箱内、场地艰难爬行，直到死亡。因花粉而中毒的多为幼蜂，其腹部膨胀，中、后肠充满黄色花粉糊，并失去飞行能力，落在箱底或爬出箱外死亡。花粉中毒严重时，幼虫滚出巢房而毙命，或烂死在巢房内，虫体呈灰白色。可通过鉴定花粉判定是哪种有害植物。

(2) 防治 选择没有或少有毒蜜源（2km 内）的场地放蜂，或根据蜜源特点，采取早退场、晚进场、转移蜂场等办法，避开有毒蜜源的毒害。如在秦岭山区白刺花场地放蜂，早退场可有效防止蜜蜂苦皮藤中毒。

发现蜜蜂蜜、粉中毒后，首先要及时从发病群中取出花蜜或花粉脾，并喂给酸饲料（如在糖水中加食醋、柠檬酸，或用生姜 25g + 水 500g，煮沸后再加 250g 白糖喂蜂）。若确定花粉中毒，加强脱粉可减轻症状。其次，如中毒严重，或该场地没有太大价值，应权衡利弊，及时转场。

二 药物毒害

1. 农药

蜜蜂药物中毒主要是在采集果树和蔬菜等人工种植植物的花蜜、花粉时发生。如我国南方的柑橘、荔枝、龙眼，北方的枣树、杏等，每年都造成大量蜜蜂死亡。另外，我国最主要的蜜源——油菜、枣等，由于催化剂和除草剂的应用，驱避蜜蜂采集，或蜜蜂采集后，造成蜂群停止繁殖，破坏蜜蜂正常的生理机能。

（1）诊断 农药中毒的主要是外勤蜂。成年工蜂中毒后，在蜂箱前乱飞，追蜇人畜，蜂群很凶。中毒工蜂正在飞行时旋转落地，肢体麻痹，翻滚抽搐，打转、爬行，无力飞翔。最后，两翅张开，腹部勾曲，吻伸出而死，有些死蜂还携带有花粉团。严重

图 7-19　农药中毒（2008 年 5 月，河南科技学院试验蜂场因花卉喷洒农药蜜蜂死亡情况）

时，短时间内在蜂箱前或蜂箱内可见大量的死蜂，全场蜂群都如此，而且群势越强死亡越多（图 7-19）。

当外勤蜂中毒较轻而将受农药污染的食物带回蜂巢后，造成部分幼虫中毒而剧烈抽搐并滚出巢房。有一些幼虫能生长羽化，但出房后残翅或无翅，体重变轻。当发现上述现象时，根据对花期特点和种植管理方式的了解，即可判定是农药中毒。

（2）防治

1）养蜂者和种植者密切合作，尽量做到花期不喷药，或在花前预防、花

> ● **【小经验】** 蜜蜂除草剂中毒后，会造成蜂群停止繁殖。

后补治。必须在花期喷药的，优选施药方式，做好隔离工作。

2）急救措施。第一，若只是外勤蜂中毒，及时撤离施药区即可。若有幼虫发生中毒，则须摇出受污染的饲料，清洗受污染的巢脾。第二，给中毒的蜂群饲喂 1∶1 的糖浆或甘草糖浆。对于确知有机磷农药中毒的蜂群，应及时配制 0.1%～0.2% 的解磷定溶液，或用 0.05%～0.1% 的硫酸阿托品喷脾解毒。对有机磷或有机氯农药中毒，也可在 20% 的糖水中加入 0.1% 食用碱喂蜂解毒。

2. 兽药

（1）诊断 在使用杀螨剂防治大蜂螨时，用药过量（如绝螨精二号），在施药 2h 后，幼蜂便从箱中爬出，在箱前乱爬，直到死亡为止。有些螨扑，使幼蜂爬时间达 1 周以上（图 7-20）。

在用升华硫抹子脾防治小蜂螨时，若药沫掉进幼虫房内，则引起幼虫中毒死亡。

此外，养鸡场、养猪场用的添加剂（如伊维菌素），对蜜蜂也有很大影响。

（2）防治 严格按照说明配药，使用定量喷雾器施药（如两罐雾化器）。或先试治几群，按最大的效果、最小的用药量防治蜂病。

图 7-20 蜜蜂螨扑中毒箱内死亡蜜蜂，此外，蜜蜂连取食都停止了

3. 激素

主要有生长素、坐果素等。目前对养蜂生产威胁最大的是赤霉素。农民对枣树花、油菜花喷洒赤霉素。

（1）诊断 蜜蜂采集后，便引起幼虫死亡，蜂王停产直至死亡，工蜂寿命缩短，并减少甚至停止采集活动。

（2）防治 更换蜂王，离开喷洒此药的蜜源场地。

【提示】 在习惯施药的蜜源场地放蜂，蜂场以距离蜜源300m为宜。若花期大面积喷施对蜜蜂高毒的农药，应及时搬走蜂群。如蜂群一时无法搬走，就必须关上巢门，保持蜂群环境黑暗，注意通风降温，且最长不超过2～3天。对不宜关巢门的蜂群必须在蜂巢门口连续洒水。

三 环境毒害

在工业区（如化工厂、水泥厂、电厂、铝厂、药厂、冶炼厂等）附近，烟囱排出的气体中，有些含有氧化铝、二氧化硫、氟化物、砷化物、臭氧、臭氟等有害物质，随着空气（风）飘散并沉积下来。这些有害物质，一方面直接毒害蜜蜂，使蜜蜂死亡或寿命缩短，另一方面它沉积在花上，被蜜蜂采集后影响蜜蜂健康和幼虫的生长发育，还对植物的生长和蜂产品质量形成威胁（图7-21）。

除工业区排出的有害气体外，其排出的污水和城市生活污水也时刻威胁着蜜蜂的安全。污水是近些年来爬蜂综合征主要的发病原因之一。荆条花期，水泥厂排出的粉尘是附近蜂群群势下降的原因之一。

毒气中毒以工业区及其排烟的顺（下）风向受害最重，污水中毒以城市周边或城中为甚。

图 7-21　环境毒害

距离郑州万象农化公司200m远的一个蜂场，受毒气影响，剩余蜜蜂聚集在副盖下，打开副盖，蜜蜂急速跳出蜂箱，在地上快速爬行

⊙【提示】　由环境毒害造成的群势下降，严重者全群覆没，而且无药可治。

（1）诊断　环境毒害，造成蜂巢内有卵无虫、爬蜂，蜜蜂疲惫不堪，群势下降，用药无效。

因污水、毒气造成蜜蜂的中毒现象，雨水多的年份轻，干旱年份重，并受季风的影响，在污染源的下风向受害重，甚至数十千米的地方也难逃其害。只要污染源存在，就会一直对该范围内的蜜蜂造成毒害。

（2）防治　发现蜜蜂因有害气体而中毒，首先清除巢内饲料后喂糖水，然后转移蜂场。

如果是污水中毒，应及时在箱内喂水或巢门喂水，在落场时，做好蜜蜂饮水工作。

由于环境污染对蜜蜂造成毒害有时是隐性的，且是不可救药的。因此，选择具有优良环境的场地放蜂，是避免环境毒害的唯一好办法，同时也是生产无公害蜂产品的首要措施。

第八章

蜜蜂授粉技术

第一节 蜜蜂授粉概况

蜜蜂授粉是现代化农业的重要组成部分，推广蜜蜂授粉不仅能够提高作物产量和果实品质，增加农民收入，而且对维护生态平衡也具有十分重要的作用。

一 蜜蜂授粉的重要贡献

1. 国外蜜蜂授粉的主要贡献

国际上把蜜蜂授粉作为现代养蜂业发展的重要标志。目前世界养蜂业发达的国家普遍以养蜂授粉为主、取蜜为辅。实现了蜜蜂授粉产业化，他们建立大型专业蜂场（公司），培育授粉蜂种或作物品种。由于对农作物的授粉贡献巨大，蜜蜂已成为欧洲第三大有价值的家养动物（图 8-1）。

美国是全球农业最发达的国家之一，蜜蜂对其主要农作物授粉的年增产价值达到 146 亿美元（Morse，2004），蜂农的收入 90% 依靠出租蜜蜂授粉获得，蜂产品的收

图 8-1 欧洲蜜蜂的地位
（Tauts，2008）

入仅占 10%（安建东，2011）。加拿大 80% 养蜂者是全职的商业养蜂，蜜蜂授粉带来的直接年经济收入约为 4.43 亿元。加拿大主要依赖蜜蜂授粉的农作物有油菜、苹果和蓝莓（Morse and Calderone，2000），蜜蜂授粉的经济价值超过 20 亿美元。澳大利亚现有蜂群约 50 万群，其中有 30 万群用于出租授粉（图 8-2），主要用于水果类、蔬菜类、坚果类、牧草类和向日葵等油料作物授粉，蜜蜂为澳大利农作物授粉的年增产效益达 14 亿美元（Gordon，2009）。在欧洲超过 150 种农作物直接依赖蜜蜂等昆虫授粉，这 150 种作物占欧洲作物种类总数的 84%（Williams，1994）。在欧洲蜜蜂为农作物授粉的年增产价值为 142 亿欧元，

图 8-2　大田南瓜蜜蜂授粉果实（引自 Bryan H. Smith）

其中欧盟成员国蜜蜂等昆虫授粉的价值占农产品总产值的 10%，欧盟非成员国蜜蜂授粉的价值更高，占农产品总产值的 12%，均超过 9.5% 的世界平均值（Gallai，2009）。德国全国仅果树一项就投入 30 万群蜜蜂授粉；意大利果农租蜜蜂为果树授粉很普遍，果园农场租用蜜蜂授粉，每箱蜜蜂一个花期获得 2 500 ～ 3 000 里拉（100 里拉约合 0.05165 欧元）报酬。韩国现有蜂群 200 万群，其蜂产品的年产值仅为 3.5 亿美元；而韩国主要水果和蔬菜的年产值为 120 亿美元，其中 58 亿美元来源于蜜蜂授粉的贡献；即在韩国，蜜蜂授粉所产生的经济价值是蜂产品产值的 18 倍（Jung，2008）。韩国每年主要农作物授粉大约需要 305 万群蜜蜂，约占人为使用昆虫授粉量的 90%（Yoon，2009）。印度全国人工饲养的印度蜂约 200 万群左右，蜂产品产值约为 2000 万卢比，而养蜂为农作物授粉及森林树木制种方面，收益超过 2 亿卢比。罗马尼亚、保加利亚为保证蜜蜂授粉，专门规定凡是需要授粉的作物，都保证要有足够的蜂群授粉，并规定在蜜源利用上实行全

国统一分配，每当授粉季节，主管部门动员所有蜂群为农作物授粉，有计划进行转地饲养，运输报酬由农业管理部门免费提供。

2. 国内蜜蜂授粉的重要地位

在我国，根据农业部的调查，2008 年全国蜂群数量达 820 万群、蜂蜜产量超过 40 万 t，养蜂业总产值达 40 多亿元。蜜蜂授粉每年给我国农业生产贡献 3 042.20 亿元，相当于全国农业总产值的 12.30%，全国农、林、牧、渔总产值的 6.18%，而这仅仅是对 36 种作物的蜜蜂授粉价值评估结果，还有很多直接或间接依靠蜜蜂授粉作物（如苜蓿）和其他行业（如制种业、畜牧业）等未被纳入到评估中来，实际上蜜蜂授粉对农业生产的贡献更大。

2010 年，国家加大了蜜蜂授粉的政策扶持和投入，2012 年初，农业部将"蜜蜂授粉增产技术集成与示范项目"列为国家公益性行业（农业）专项。经过蜜蜂授粉科技工作者们的不懈努力，现已对 60 多种农作物、经济林木、牧草等应用蜜蜂授粉技术进行了反复的研究试验、示范推广（图 8-3）。

> ◆【小资料】 现代农业规模化、化学化和机械化程度越高，对蜜蜂授粉的依赖程度越强。

图 8-3 2013 山西临猗国家公益性行业（农业）
专项暨现代农业全国苹果蜜蜂授粉现场会

第八章 蜜蜂授粉技术

二 蜜蜂授粉的增产效果

1. 国外蜜蜂授粉的增产效果

国外研究结果证明，蜜蜂为牧草、油料作物、果树和蔬菜授粉，增产作用十分显著（表8-1），已引起各国农业科研机构和生产单位的重视，并且逐渐扩大其应用范围和领域。

表8-1 国外利用蜜蜂授粉的增产效果

作物名称	增产（%）	试验国家	作物名称	增产（%）	试验国家
棉花	18~41	美国	青年苹果	32~40	前苏联
大豆	14~15	美国	老年苹果	43~52	前苏联
油菜	12~15	德国	苹果	209	匈牙利
向日葵	20~64	加拿大	梨	107	意大利
荞麦	43~60	前苏联	梨	200~300	保加利亚
甜瓜	200~500	匈牙利、前苏联	樱桃	200~400	德国、美国
洋葱	300~1000	罗马尼亚	叭达杏	600	美国
黄瓜	76	美国	紫花苜蓿	300~400	美国
西瓜	170	美国	红苜蓿	52	匈牙利
芜菁	10~15	德国	亚麻	23	前苏联
野草莓	15~20	英国	醋栗	700	美国
黑莓、树莓	200	瑞典	野豌豆	74~229	美国
温室蘑菇	22~0	前苏联	葡萄	33~45	前苏联

2. 国内蜜蜂授粉的增产效果

我国开展蜜蜂授粉研究是从20世纪50年代初开始，进入21世纪，蜜蜂授粉技术的研究得到国家和农民前所未有的重视和支持，作为一项增产措施，相继在山东，河北、山西、福建、新疆、湖北、四川、云南等省市广泛推广应用，主要应用在草莓、果树、瓜类（图8-4）、蔬菜和油料作物上，增产效果十分显著（表8-2）

图 8-4　2010 年北京顺义国家现代蜜蜂产业
技术体系北京西瓜蜜蜂授粉基地现场观摩会

表 8-2　我国利用蜜蜂授粉的增产效果
资料来源：**http://www.chtxbee.com**

作物名称	增产（%）	作物名称	增产（%）	作物名称	增产（%）
油菜	26~66	荞麦	50~60	甜瓜	200
向日葵	34~8	水稻	2.5~3.6	柑橘	25~30
兰花子	38.5	棉花	23~30	桂圆	149
大豆	92	苹果	71~334	猕猴桃	32.3
砀山梨	8~9	蜜橘	200	甘蓝	18.2
紫云英	50~240	乌桕	60	李子	50.5
砂仁	68	西瓜	170	荔枝	248
花菜	440	莲子	24.1	沙打旺	30
苕子	449.6	油茶	87~98	黄瓜	35

第八章 蜜蜂授粉技术

第二节　蜜蜂授粉技术要点

一　大田作物蜜蜂授粉技术要点

大田作物授粉一般都和养蜂生产相结合，由养蜂人员根据农业授粉业务的实际需要具体操作。

1. 授粉蜂群的准备

（1）蜂种　蜂种主要为意蜂和中蜂，适合为大田果树、蔬菜、油料作物、瓜类、牧草等植物授粉。

（2）蜂群获得　租赁与购买两种方式。种植园（户）与养蜂场（或授粉公司）签订授粉租赁合同，租赁蜂群进行授粉活动。租赁合同中应明确付款方式、授粉蜂群的数量和质量、蜂群进场时间、种植园（户）的用药管理等事项，以维护双方权益。种植园（户）购买蜂群自行授粉时，应挑选性情温顺、采集力强、蜂王健壮、无白垩病、无蜂螨和爬蜂等病症的强群。

（3）运输　运输蜂群时，要注意以下事项：

1）汽车等运输工具清洁、无农药污染。

2）蜂群饲料充足，长距离运蜂在装车前 2h，每个蜂群加 1 张水脾。

3）固定巢脾及蜂箱，防止运输过程中挤压蜜蜂。

4）调整好巢门方向（关门运蜂方式巢门朝前，开门运蜂方式巢门横向朝外）。

5）合理安排运蜂时间，开巢门运蜂，应在傍晚蜜蜂归巢后起运；关巢门运蜂，装车后立即起运。运蜂车应在夜晚行驶，宜在第 2 天中午前到达，并及时卸下蜂群。长途运输第 2 天不能到达时，应在上午 10 点以前把蜂车停在阴凉处，停车（或卸车）放蜂，傍晚再继续运输。

2. 蜂群配置

（1）进场时间　根据不同植物的泌蜜情况，决定蜂群进场时间。对于荔枝、龙眼、向日葵、荞麦、油菜等蜜粉丰富的植物，可提前 2 天把蜜蜂运到场地；对于梨树等泌蜜量少的植物，应等植株开花 25% 左右时再把蜂群运到场地；对于紫花苜蓿，可在开花 10% 左右时运进一半的授粉蜂群，7 天后再运进另一半；桃、杏、甜樱桃等花期较短的植物则应在初花期就把蜂群送到授粉场地。

（2）蜂群数量　蜂群数量取决于蜂群的群势、授粉作物的面积与布局、植株花朵数量和长势等。一个 15 框蜂的蜜蜂强群可承担连片分布的授粉作物的面积如下：油菜 3~6 亩、荞麦 6~9 亩、向日葵 10~15 亩、棉花 10~15 亩、紫云英 3~5 亩、苕子 3~5 亩、牧草类 6~8 亩、瓜果蔬菜类 7~10 亩、果树类 5~6 亩。在早春时，因蜂群正处于繁殖阶段，群势相对较弱，每群蜂所能承担授粉的面积相对较小，应适当增加授粉蜂群数量。

（3）**蜂群摆放** 授粉蜜蜂进入场地后，蜂群摆放应遵循如下原则：如果授粉作物面积不大，蜂群可布置在田地的任何一边；如果面积在 700 亩以上，或地块长度达 2km 以上，则应将蜂群布置在地块的中央，减少蜜蜂飞行半径。授粉蜂群一般以

图 8-5　苹果蜜蜂授粉现场

10~20 群为一组，分组摆放，并使相邻组的蜜蜂采集范围相互重叠（图 8-5）。

3. 蜂群管理

（1）**早春保温** 早春气温低，蜂群群势弱，放蜂地应选在避风向阳处，采取蜂多于脾和增加保温物的方法来加强保温。

（2）**保持强群** 给早春油菜、梨、苹果等植物授粉时，要组织强群，以便在较低温度下可以正常开展授粉活动。

（3）**及时采收花粉** 对于花粉丰富的植物，应及时采收花粉，提高蜜蜂访花的积极性。

（4）**蜂群饲喂** 蜜蜂授粉期间主要饲喂花粉、糖浆和水，饲喂种类和数量应视授粉作物蜜粉的情况而定。对于油菜、芝麻、柑橘、荔枝、龙眼、荞麦、向日葵、棉花、西瓜、杏、梨、苹果、枇杷、山楂以及牧草等蜜粉较为丰富的作物，在蜜蜂授粉期间，保证干净的饮水供应即可；对于枣树等少数缺粉的作物，应饲喂花粉，以补充蛋白质饲料；对玉米、水稻等有粉无蜜的作物，则应适当饲喂糖浆（糖水比约为 2:1）。

（5）**训练蜜蜂积极授粉** 针对蜜蜂不爱采访某种作物的习性，

或为加强蜜蜂对某种授粉作物采集的专一性，在初花期至花末期，每天用浸泡过该种作物花瓣的糖浆饲喂蜂群。花香糖浆的制法：先在沸水中溶入相等重量的白糖，待糖浆冷却到 20～25℃时，倒入预先放有该种作物花瓣的容器里，密封浸泡 4h，然后进行饲喂，每群每次喂 100～150g。第一次饲喂宜在晚上进行，第二天早晨蜜蜂出巢前，再补喂一次，以后每天早晨喂一次。也可在糖浆中加入该种作物香精喂蜂，以刺激蜜蜂采集。

> **【提示】** 若蜜蜂授粉期间遭遇低温、阴雨天气，要注意利用有限的较好天气条件，采取饲喂糖浆刺激蜜蜂出巢访花，或者增加人工辅助授粉措施，保证果树结果。

4. 作物管理

（1）用药注意事项 在植物开花前，种植（园）户不得使用氧化乐果、敌敌畏等剧毒、残留期较长的农药；在开花期，授粉作物及其周边同期开花的其他作物均应严禁施药。若必须施药，应尽量选用生物农药或低毒农药。

（2）开花前期管理 对作物进行常规的水肥管理，清除所有与农药有关的物品，待药味散尽后再运蜂进场。授粉作物不进行去雄处理。

（3）合理配置授粉果树 利用蜜蜂为果树授粉时，对于自花授粉能力较差的品种，应间隔均匀地栽培一些供粉植株。对于盛果期的单一品种果园，可将授粉品种果树的花粉放在蜂巢门口，通过蜜蜂的身体接触将花粉带到植物花朵上，起到异花授粉的作用。

（4）授粉后管理 经蜜蜂授粉后，应根据需要及时对作物进行疏花疏果、施肥浇水，提高产品产量和品质。

二 设施栽培蜜蜂授粉技术要点

1. 授粉蜂群的准备

蜂种主要为意蜂和中蜂，适合为大棚果树、蔬菜、油料、瓜类、牧草等植物授粉。

通过培育蜂王，将大蜂群扩繁成 1 只蜂王、3 脾蜂的授粉标准群，蜂箱内保持充足的蜂蜜和适量的花粉，以保证蜂群繁殖。授粉蜂群要提前预防病虫害，保证授粉蜂群无病。对于制种作物，在蜂群进入温室之前，应先隔离蜂群 2～3 天，让蜜蜂清除体上的外来花粉，避免引起作物杂交。

2. 蜂群配置

（1）授粉时间 对于设施瓜果蔬菜类花期较长的作物，在初花期将蜂群放入即可；对于设施果树类花期很短的作物，应在开花前 5 天左右将蜂群放入温室。应选择傍晚时将蜂群放入温室，第二天天亮前打开巢门，让蜜蜂试飞、排泄、适应环境。同时补喂花粉和糖浆，刺激蜂王产卵，提高授粉蜜蜂的积极性。

（2）蜂群数量 为设施瓜果蔬菜类授粉，对于面积为 500～700m^2 的普通日光温室，一个标准授粉群（3 脾蜂/群）即可满足授粉需要；对于面积较小的温室，则应适当减少蜜蜂数量；对于大型连栋温室，则按一个标准授粉群承担 600m^2 的面积配置。

为设施果树类授粉，对于面积为 500～700m^2 的普通日光温室，根据树龄大小和开花多少，每个温室配置 2～3 个标准授粉群；对于大型连栋温室，则按一个标准授粉群承担 300m^2 的面积配置。

（3）蜂群摆放 如果一个温室内放置 1 群蜂，蜂箱应放置在温室中部；如果一个温室内放置 2 群或 2 群以上蜜蜂，则将蜂群均匀置于温室中；蜂箱应放在作物垄间的支架上，支架高度为 20cm 左右，巢门朝南朝北均可（图 8-6）。

图 8-6 温室油桃蜜蜂授粉

3. 蜂群管理

（1）加强保温 温室内昼夜温差大，夜间低温，蜜蜂结团，外部子脾常常受冻。为此，晚上应在副盖上加草帘等保温物，维持箱内温度相对稳定，保证蜂群能够正常繁殖。

（2）**蜂群喂水** 温室内蜂群的喂水通常有两种，一是巢门喂水，采用喂水器进行喂水；二是在蜂箱前约 1m 的地方放置一个碟子，每隔 2 天换一次水，在碟子里面放置一些草秆或小树枝等，供蜜蜂攀附，以防蜜蜂溺水死亡。

（3）**蜂群喂糖** 温室内大多数作物因面积和数量有限，花朵泌蜜不能满足蜂群正常生活需要，尤其为蜜腺不发达的草莓等授粉时，通常在巢内饲喂糖水比为 1:2 的糖浆。

（4）**饲喂花粉** 花粉是蜜蜂饲料中蛋白质、维生素和矿物质的唯一来源，对幼虫生长发育十分重要。通常采用喂花粉饼的办法饲喂蜂群。花粉饼的制法：选择无病、无污染、无霉变的蜂花粉，用粉碎机粉成细粉状；将蜂蜜加热至 70℃ 趁热倒入盛有花粉的盆内（蜜粉比为 3:5），搅匀浸泡 12h，让花粉团散开。如果花粉来源不明，应采用高压或者微波灭菌的办法，对蜂花粉原料进行消毒灭菌，以防将病菌带入蜂群。每隔 7 天左右喂一次，直至温室授粉结束为止。

（5）**调整蜂脾关系** 温室特别是日光温室的温度高、湿度大，容易使蜂具发生霉变而引发病虫害。在授粉后期，对于草莓等花期较长的作物，要及时将蜂箱内多余的巢脾取出，保持蜂多于脾、或者蜂脾相称的比例关系。

4. 温室管理

（1）**蜜蜂进温室前的准备** 蜜蜂进温室前首先应对温室内作物的病虫害进行一次详细、全面的检查，并针对性地进行综合防治，以免蜜蜂进温室后发现病虫害再予以治疗，造成蜜蜂中毒。

（2）**隔离通风口** 用宽约 1.5m 的尼龙纱网封住温室通风口，防止温室通风降温时蜜蜂或熊蜂飞出温室冻伤或丢失。

（3）**控温调湿** 蜜蜂授粉时，温室温度一般控制在 15～35℃；熊蜂授粉时，温室温度一般控制在 15～25℃。

中午前后通风降温时，温室内相对湿度急剧下降。对于蜜蜂授粉的温室，可以通过洒水等措施保持温室内湿度在 30% 以上，以维持蜜蜂的正常活动。

（4）**作物管理** 放入授粉蜂群前，对温室作物病虫害进行一次详细的检查，必要时采取适当的防治措施，随后保持良好的通风，去除室内的有害气体。

作物栽培采用常规的水肥管理，花朵不去雄。为温室果树授粉时，花期应在温室地面上铺上地膜，保持土壤温度和降低温室内湿度，有利于花粉的萌发和释放。

授粉结束后，根据作物生产需要调整温度、湿度，加强水肥管理和病虫害防治。果树视情况进行疏果。

(5) 用药注意事项　在植物开花前，不能使用残留期较长的农药如敌敌畏、乐果等。在植物开花期间，要避免使用毒性较强的杀虫剂如吡虫啉、毒死蜱等。如果必须施药，应尽量选用生物农药或低毒农药。施药时，一般应将蜂群移入缓冲间以避免农药对蜂群的危害，如在施用百菌清等杀菌剂时，或夜晚采用硫黄熏蒸防治作物灰霉病和烂根病等病害时，将蜂群移入缓冲间隔离一天，然后原位放回即可。

第三节　蜜蜂授粉实例

一　蔬菜类蜜蜂授粉实例

西葫芦为一年蔓生，雌雄同株异花，花期1天，蜜粉充足，属虫媒异花作物，最佳授粉时间是上午9~11点，随着气温升高到下午1点以后花凋谢。大田除连片大面积种植外，一般不需蜜蜂授粉。但是近年来冬季保护地栽培面积不断扩大，由于棚内没有任何授粉昆虫，菜农主要靠涂抹2.4-D生长激素来进行生产。邵有全将蜜蜂授粉应用于西葫芦生产上，取得了显著成效。西葫芦的生产周期为150天，一个300m^{2}的节能温室采用蜜蜂授粉，首先可省去劳动力75个，节约劳务工资3750元；第二，使西葫芦产量增加，其增产幅度与种植水平和天气变化有直接关系，最低增产13.4%，最高达34.9%，平均增产22.1%；第三，提高了产品的商品性状，经过对蜜蜂授粉区一次采收的1904条瓜进行鉴定，其中畸形瓜仅有174条，占总瓜数9.1%，而在涂抹2.4-D生产区采摘的1555条瓜中，畸形瓜有657条，占总瓜数的42.25%，蜜蜂授粉使畸形瓜下降了33个百分点，采用蜜蜂授粉的西葫芦不仅好销售，而且售价比涂抹2.4-D

的每千克多收入 0.2 元；第四，为市民提供无公害无污染的蔬菜，在比较发达的国家已经明令禁止使用生长激素，而我国目前节能温室生产西葫芦 90% 还在涂抹 2.4-D，因此蜜蜂授粉为生产无污染蔬菜提供了技术支撑。

二 瓜果类蜜蜂授粉实例

（1）西瓜　西瓜为葫芦科植物，雌、雄同株异花，雌花大小为雄花的 1/4，花粉黏而且重。早上 5 点花初开，6 点盛开，每朵花的有效期为 5~6h，最佳授粉时间是上午 9~10 点。一般一朵花蜜蜂采访 36 次才能完成授粉任务。一朵花的 3 个雌蕊上必须有 500~1000 粒花粉，并且分配均匀才能保证有良好的瓜形。因此，保护地西瓜采用人工授粉难以满足授粉要求。西瓜花有雄蕊 3 枚，花药开裂时，花粉进出，雄蕊基部有蜜盘，蜜汁累积凸起呈环状，蜜盘被花药掩盖，蜜蜂采蜜时必须穿过花药与花瓣之间的狭缝，用倾斜或者倒立的方式向下俯钻，才能使唇舌触及蜜盘，这样花粉就粘在其头部，当蜜蜂在

图 8-7　邵有全研究员检查西瓜蜜蜂授粉坐果情况

雌花上时，也用同样的动作吸蜜，从而完成了西瓜的授粉（图 8-7）。北京市将蜜蜂授粉应用于西瓜生产，顺义县小店乡的推广面积已达 140hm²，西瓜可提早 5~7 天上市，含糖量提高，产量提高 11.4%。

历延芳（2006）对蜜蜂为塑料大棚西瓜和大田西瓜授粉进行了研究。大棚西瓜授粉试验地用纱网隔离成两区，分蜜蜂授粉区和人工授粉对照区，每区 156m²，西瓜苗 132 株；另外还设有无蜂无人工授粉小区 36m²，西瓜苗 24 株。在整个试验期 3 个小区采用同等管理方法。在西瓜开花前 3~4 天将授粉蜂群搬入大棚，放置在靠北侧 50cm 高的架上，并在棚内设置喂水器，经常以西瓜花糖浆进行奖励饲喂蜜蜂，提高蜜蜂采集积极性。在西瓜成熟后测定其产量，有蜂

授粉区收获西瓜1045.50kg，人工授粉对照区收获西瓜787.10kg，无蜂无人工授粉对照区收获西瓜为0，有蜂授粉比人工授粉增产258.40kg，产量提高32.8%（图8-8）。有蜂区最大瓜重12.00kg，人工授粉区最大瓜重9.00kg；有蜂授粉的含糖量为12.9%，人工授粉为11.3%，有蜂区比人工授粉区提高1.6%。

蜜蜂为大田西瓜授粉试验，西瓜品种为聚宝王。在试验地里随机选出2个面积为40m²的地块，其中一块为有蜂授粉区，不加网覆盖；一块为人工授粉区，覆盖1.5m高的纱网，隔离蜜蜂飞入。在整个试验期2个试验区采用同等管理办法。结果是有蜂授粉区西瓜产量为200.10kg，人工授粉区西瓜产量为154.8kg，有蜂授粉比人工授粉增产45.30kg，产量提高29.3%。有蜂区最大瓜重14.00kg，人工授粉区最大瓜重9.00kg。

（2）草莓 大多数草莓品种是自花可结果的。但也有一些品种，特别是品质好的品种由于柱头高，而雄蕊短，这就需要昆虫传粉。近年来在冬季和早春，利用日光节能温室种植草莓，温室中没有风和传粉昆虫，使草莓授粉受到很大影响。利用蜜蜂为草莓授粉可有效解决这一问题。草莓雄蕊的花药围着雌蕊柱头，每朵花花期为3～4天，整个花期长达5个月。蜜蜂从上午8点到下午4点都有采集行为，一只蜜蜂每分钟可采集4～7朵花（图8-9）。

图8-8 塑料大棚西瓜蜜蜂授粉结果情况

图8-9 中蜂为温室草莓授粉（引自 国家现代蜂产业技术体系北京综合试验站）

李建伟等人用蜜蜂为"宝交早生"草莓授粉，使产量增加20.5%~40.1%，平均增产29.6%，坐果率平均提高30.8%，果形也得到改善，歪果、畸形率减少30%左右，商品价值提高。大棚和温室采用蜜蜂授粉，每亩（1 亩 = 667m²）纯收入增加 2100~2500元，目前已在辽宁、山东、河北、湖北等地大面积推广，每群蜂租金在 150~250 元之间。草莓授粉蜂群应该在晚秋喂足越冬饲料糖；在草莓开花前 3~5 天搬进大棚，入棚后要补喂花粉，奖饲糖浆，刺激蜂王产卵，提高蜜蜂授粉积极性。一般 1 亩的大棚有 4 框足蜂。

三 果树类蜜蜂授粉实例

（1）苹果 大多数的苹果品种只有接受不同品种的花粉才能结果，来自同一品种中的同株或异株上的花粉不能使子房生长和受精。苹果有 5 个雌蕊，每个雌蕊有 2 个胚珠。试验证明，每个苹果内有 8 粒以上的种子，果子生长平衡，不会产生畸形果。多数的苹果品种，蜜蜂采蜜时必须用口器在花的雄蕊和雌蕊之间舔吸，这样来回穿梭，蜜蜂身上携带的花粉便传到了雌蕊上，从而起到了传粉的作用。

近年来山西省苹果花期气候的多变造成了苹果总产量的不稳定。2008 年苹果花期前连续降雨，雨后大风降温，形成霜冻，严重影响了苹果花授粉，造成该地区红富士和新红星两个品种坐果率明显下降、总产量大幅降低。但是采用蜜蜂授粉的果园增产效果十分显著（图 8-10）。红富士蜜蜂授粉组的坐果率比自然授粉组的坐果率提高14.7%，新红星蜜蜂授粉组的坐果率比自然情况下授粉组的坐果率提高 26.3%。同期相比蜜蜂授粉组平均幼果重 3.54g，是自然授粉组

图 8-10　苹果蜜蜂授粉现场

1.62g 的 2 倍以上。红富士品种蜜蜂授粉组的平均单株总产量 69.80kg，是自然授粉组 31.88kg 的 2.19 倍；新红星品种蜜蜂授粉组的平均单株总产量 87.50kg，是自然授粉组 34.13kg 的 2.56 倍。因此应用蜜蜂为大

田苹果授粉可以明显地提高产量。蜜蜂授粉的果实近圆形，发育早，酸度低，口感好。张贵谦等人（2013）利用蜜蜂为红富士苹果授粉，果园可节省劳动力 75 个工/hm²，红富士苹果坐果率比自然授粉提高 46.78%，畸形果率下降 22.43%，产量提高 14124kg/hm²，每公顷多创造经济价值 3766.40 元，增产增收 40.17%。

（2）柑橘 柑橘为多年木本，是单性结果。陈盛禄（1988）对蜜蜂为柑橘授粉开展了试验研究。蜜蜂授粉可使柑橘坐果率达到 12.74%，无蜂区坐果率为 8.26%，前者比后者提高 54.24%，产量提高 38.55%。对试验区和对照区果实的果重、瓣重、柠檬酸、转化糖、还原糖、维生素 C 和可溶性固形物进行了定量检测，数值虽有上下变化，但经差异显著性检验，两者差异不显著，说明蜜蜂授粉不影响品质。自花授粉果实的平均单果重为 58.1g，而蜜蜂授粉平均单果重为 64.45g，果肉的平均重量也由 36.7g 增加至 44.22g，可见蜜蜂授粉不但不会使果实品质变劣，而且可以提高产量和单个果实的重量。

（3）梨 梨多为自花不育，目前采用人工授粉的面积达 500 万亩，采用人工授粉可使产量提高，但人工授粉首先要采集花蕾，制成干花粉，否则就需高价购买，既费工，又与春耕生产竞争劳力。梨花花粉充足，花内具有蜜腺，适合蜜蜂采集授粉（图 8-11）。

郭 媛摄

图 8-11 梨树蜜蜂授粉现场

有人研究了不同授粉方式对砀山酥梨产量及坐果率的影响试验，蜜蜂授粉、人工授粉和自然授粉的坐果率分别为 44.5%~45.9%、28.0%~33.3% 和 2.2%~5.6%。蜜蜂授粉完全可以代替人工授粉，蜜蜂授粉区平均单株产量比人工授粉区提高了 15% 以上。采用蜜蜂授粉后树上部的坐果率比下部提高 10.9%，与人工授粉比上部坐果率提高了 7.3%，下部下降 3%，梨树上下部结果均匀，充分利用了上部光照好，通风好和营养充足的优势，使梨的含糖量提高1%。邵永祥（1995）用蜜蜂为香梨授粉，坐果率比自然授粉提高25%，蜜蜂授粉区1亩均产1.679t，而自然授粉区仅为1.219t，产量提高了37.74%。蜜蜂授粉香梨单果重量达90g标准的占90%，因此，蜜蜂授粉是香梨的一项增产措施。

因为梨树授粉在早春，此时蜂群正处于更替或春繁阶段，为了保证授粉效果，春繁前蜂群应达到4~5框蜂，待给梨树授粉时群势可达8~9框蜂，蜂群处于最佳状态。建议梨树花期蜂群采用分区管理的办法。在柳树开花时将巢箱的巢脾分为大小区管理，梨树花期在小区内放2张空脾供蜂王产卵，在大区靠隔王板的地方，放1张贮粉用空脾，授粉7天后，将小区的虫脾与大区的空脾对调一次。在梨树授粉期间，每天喂500g梨花糖浆，调动蜜蜂授粉的积极性，在梨树开花达20%以上时，将蜂群放到梨园。蜂场应分小组摆放，小组之间相距750m。每公顷梨树放蜜蜂4~5群，如梨园附近有油菜等竞争花，应增加蜂群数量。

> ◆【小经验】 蜜蜂授粉不仅可提高梨树的坐果率和产量，而且还可利用蜜蜂采回的花粉，为其他地区人工授粉提供有活力的花粉，这样可大大降低人工采集花粉的成本。

（4）荔枝 荔枝属于无患子科常绿乔木，为亚热带树种，在我国的栽培面积约 16.38 万 hm^2，达 4000 万株。其中广东省栽培面积最大，其次在福建、广西、台湾、海南、四川、云南等省、自治区均有分布。荔枝花为杂性，有雌花、雄花和两性花等，通

图 8-12　荔枝蜜蜂授粉（养蜂生产与授粉相结合范例）

常雄花先开，雌花后开，有花蜜分泌，但花粉不足。

在我国荔枝的种植区，普遍存在花而不实的现象。2002年在素有荔枝之乡的广西北流市实施蜜蜂授粉技术取得了成功（图8-12）。经蜜蜂授粉荔枝坐果为5.525个/梢，与自然授粉的4.125个/梢相

比，坐果率提高 33.94%。当年组织了 5.4 万群蜜蜂对 9000hm² 荔枝果树进行授粉，荔枝平均产量为 725.4kg/亩，与全市平均产量 523.5kg/亩相比，增产 201.9kg，提高了 38.57%，荔枝产量增加 2726 万 kg，增加产值 3271 万元（按 1.2 元/kg 计）。蜂蜜生产也取得丰收，群均取蜜 4~6 次，群均产蜜 17.5kg，授粉区蜂群产蜜 94.5 万 kg，按 10 元/kg 计，产值 946 万元。实现了荔枝果、荔枝蜜双丰收，取得了较好的经济、社会和生态效益。

（5）枣 枣树是我国分布较广的栽培果树，因其很高的营养价值和食疗功能，深受国内外消费者欢迎。枣

> ⊙ 【提示】 果树蜜蜂授粉，要严防蜜蜂农药、激素中毒。

树花量大，但落花落果现象严重，自然坐果率一般仅为 1% 左右。申晋山等人进行蜜蜂授粉与喷施赤霉素对枣树坐果及品质的影响研究，结果表明蜜蜂授粉比喷施赤霉素枣树的坐果率提高 0.07%，株产量增加 34%，总糖提高 4.4%。可见，枣树完全可以采用蜜蜂代替喷施赤霉素进行授粉，来实现绿色果品生产，达到增产的效果。

四 作物类蜜蜂授粉实例

（1）向日葵 向日葵是典型的异株异花授粉作物，属于虫媒花作物，自花授粉结果率极低，完全靠昆虫传递花粉才能受精结果。向日葵有许多管状小花，具有发达的蜜腺，分泌丰富的蜜汁，对蜜蜂有很大的吸引力。向日葵自花授粉结果率仅为 0.36%~1.43%，一只蜜蜂一次飞行能采集 350 朵向日葵花，每采 1000g 花蜜，约飞出 3 万次以上，可给数万朵花授粉。蜜蜂授粉以后使向日葵产量提高 34%~46%，有足够量蜂授粉时，空壳率仅为 14.8%，饱满籽率为 85.2%，而没有蜜蜂授粉的空壳率为 85.8%，饱满籽率为 14.2%。自花授粉葵花籽含油率仅为 32.44%，而蜜蜂授粉、人工授粉葵花籽，含油率分别为 38.8%、38.94%，蜜蜂授粉使葵花籽含油量提高了约 6%。自花授粉葵花籽的蛋白质含量为 17.83%，比蜜蜂授粉和人工授粉的蛋白质含量都低。

（2）油葵 油葵是油用向日葵品种，也属于异株异花授粉作物。因为它的适应性强、产量高、油质好、用途广，在我国发展很快。新疆石河子农学院夏平开（1994）将蜜蜂授粉应用于油葵不育系也

获得了显著效果，油葵不育系和保持系增产显著，蜜蜂授粉繁殖油葵不育系比人工授粉增产 15.1%，比自然授粉增产 1141.3%；蜜蜂授粉繁殖油葵保持系比人授粉增产 48.2%，比自然授粉增产 121.2%。蜜蜂授粉籽仁含油率比人工授粉提高 3.8%，比自然授粉平均增产 934%。蜜蜂授粉的花盘直径比人工授粉增加 3.0cm，单盘籽粒重增加 11.2g，单盘饱满籽粒数增加 163 粒，空秕率减少 5.0%，百粒重增加 3.22g。蜂群给油葵授粉时应注意以下几个问题：第一，在 15%～20%的植株开花时，将蜂群搬进授粉场地；第二，蜜蜂最好放在授粉地内田埂或渠道边，每 3 000m² 放一群蜂；第三，蜂群管理以防暑降温为重点。加强喂水，巢箱上加铁纱副盖和空继箱，扩大蜂巢，蜂箱上面加盖凉棚。

（3）油菜 油菜是异花授粉植物，依靠昆虫传递花粉。我国油菜的种植品种有芥菜型油菜、甘蓝型油菜、白菜型油菜，在种植时间上又分冬油菜和春油菜。我国南方和北方都有种植。就一个地区一个品种而言，花期长达 40 天左右。油菜花不仅粉多，而且富含蜜汁，对蜜蜂有很大的吸引力，也是我国春季主要蜜源，全国油菜种植面积约 466 万～533 万 hm²，总产量 66.3 亿～76.5 亿 kg，居世界首位。

油菜无蜂授粉有效角果为 34%，采用蜜蜂授粉后有效角果达 63%；有蜂区平均每个角果有 18 颗籽粒，无蜂授粉的仅有 13.3 颗，提高了 35%；蜜蜂授粉千粒重为 3.85g，而无蜂授粉区为 3.42g；有蜂授粉区 100kg 菜籽榨油 43.74kg，无蜂区是 39.51kg，提高 10.7%。吴松林还证实了蜜蜂授粉油菜成熟期可提前 3 天左右。吴建华研究员也证实一般芥菜型油菜采用蜜蜂授粉能增产 24%～31%，甘蓝型油菜增产 34.14% 左右，白菜型油菜增产 120.1% 左右，兰花子增产 183.33% 左右。要想获得油菜最高产量每公顷应放 5～9 群蜜蜂（图 8-13）。

安建东 摄

图 8-13　国家科技支撑计划油菜蜜蜂授粉甘肃示范基地

金水华等（2011）研究油菜蜜蜂授粉效果发现，蜜蜂授粉油菜籽产量提高 49.4%，全株有效角果数增加 78.6 个，含油量提高 1.8%。

（4）棉花　棉花是我国主要的经济作物，被列为自花授粉作物。棉花蜜腺丰富，蜜蜂喜欢采集，每次可采 4～10 个花朵。浙江大学陈盛禄等人研究了蜜蜂授粉在提高棉花产量和质量上的作用。研究结果表明：蜜蜂授粉区每亩采摘棉花 121.5kg，而无蜜蜂授粉小区仅采摘棉花 81.19kg，产量提高 49.6%。有蜂授粉区结铃率为 95%，而无蜂授粉区结铃率为 31.43%；蜜蜂授粉区有伏铃 3 436 个，而无蜂区仅有伏铃 2 474 个，伏铃增加 38.9%。蜜蜂授粉区秋铃有 3 826 个，无蜂区有 3 208 个，提高 19.26%。蜜蜂授粉区皮棉率平均为 44.77%，而无蜂区皮棉率平均为 40.55%，增加 4.22%；蜜蜂授粉区每朵棉花孕籽平均为 8.474 粒，无蜂授粉区为 8.08 粒。蜜蜂授粉后种子的发芽势增加 5%，发芽率增加 29%。蜜蜂授粉使棉花花期缩短，收获期可提前 7 天。中国农业科学院蜜蜂所也进行了棉花授粉试验，有蜂区比无蜂区结铃率增加 39% 左右，皮棉产量平均提高 38%，而且有蜂区的棉花纤维有光泽、质地好，棉绒长度增加 8.6%。

五　牧草类蜜蜂授粉实例

苜蓿是富含蛋白质的饲料，由于昆虫授粉不足，造成种子产量极低，无昆虫授粉时每公顷仅生产种子 22kg。匈牙利的研究人员认为，苜蓿花的颜色是影响蜜蜂授粉提高结果率的主要因素，调查结果证明，淡紫色、白色和暗黄色的花最吸引蜜蜂；短萼片的花很容易被蜜蜂展开而完成授粉。前苏联桑科的观察结果表明，蜜蜂最喜欢采访幼龄的苜蓿花。蜜蜂在采访苜蓿花时，平均从 40 朵花中可打开 1 朵完成授粉，蜜蜂每分钟可采访 13.1 朵苜蓿花，因此一只采集蜜蜂每 3min 可为一朵花授粉。

刘祥伟利用蜜蜂为紫花苜蓿授粉，结果发现在 3 个试验区内，蜜蜂授粉的紫花苜蓿产量分别为 1067.6kg/hm^2、973.6kg/hm^2、1212.3kg/hm^2，分别比无蜂对照区提高 51.9%、41.1% 和 48%。

第四节 熊蜂、壁蜂授粉

一 温室番茄熊蜂授粉增产技术

熊蜂是许多植物，特别是豆科、茄科植物的重要授粉昆虫。最近几年的研究表明，红光熊蜂、明亮熊蜂、小峰熊蜂、火红熊蜂和密林熊蜂等种类，群势较大，易于人工饲养，具有重要的授粉利用价值（图 8-14）。

图 8-14　番茄蜜蜂授粉与激素坐果结果比较

（1）**授粉蜂群的准备**　熊蜂可实现人工周年繁育，在番茄花期前 60 天预定授粉熊蜂，以保证足量蜂群供应。在放入温室前 3 天，将熊蜂群移入 15℃左右的低温饲养室饲养，同时，在巢箱内加适量的脱脂棉或碎纸屑进行保温。在熊蜂移入温室前，蜂箱内保持充足的花粉和糖水。

（2）**蜂群入棚时间**　设施番茄开花达 5% 时进入，若过早，番茄花未开，造成蜂源浪费；过晚达不到授粉效果。授粉蜂群一般在傍晚入棚，静置 2h 以上，打开巢门即可。

（3）**熊蜂数量配置**　设施番茄开花较少，对于 500～700m^2 的普通日光温室，1 群熊蜂（60 只工蜂/群）即可满足授粉需要。

（4）**授粉蜂箱放置**

1）位置。距离作物越近，授粉越充分。一般地，如果授粉作物面积不大，蜂群可布置在作物地段的中央或任何一边，最远不要超过 300m。

2）高度。蜂箱距离地面0.5~1.0m高，以防受潮；巢门朝南或东南方，便于熊蜂定向；蜂群放置后不可任意挪动巢口方向及蜂群位置。

3）方法。蜂箱搬进温室时要避免强烈振动，更不能倒置。蜂箱应置于凉爽处或给蜂箱加上遮阴东西，放置在一个固定的地方，如在温室的中部。巢门朝南挂于温室的墙壁；或在棚内中后部搭一蜂箱架，架高50cm，长55cm，宽45cm，使蜂箱距离地面0.5~1.0m，防止受潮，并防止蚂蚁等爬虫进入；现代化温室蜂箱放在中间走道一侧。

（5）蜂群管理

1）定时检查。多采用箱外观察、局部检查与全面检查相结合，减少开箱次数及其他干扰，以免影响蜂群正常的生活秩序。授粉期间要检查蜂群是否正常，可在晴天早上的9~11点，认真观察进出巢门的熊蜂数量，如果在20min内有8只以上的熊蜂飞回蜂箱或飞出蜂箱，则表明这群熊蜂状态正常；否则要及时通知专业人士检查原因或更换蜂群，以保证授粉工作的顺利进行。

2）补充饲料。温室内小、气候比较特殊，若花蜜与花粉不能满足授粉蜂群正常生长繁殖的需要，要求管理者提供花粉与糖浆，以满足蜂群发育需求。

① 饲喂糖浆。授粉蜂群入室2周后要及时饲喂糖水，其浓度50%即可，在水面放一些漂浮物，以防熊蜂因取食不慎跌入糖水溺死。

② 饲喂花粉。喂干花粉或花粉饼。

3）早春、冬季加强保温，夏季做好遮阴。保温方法是将蜂箱放在避风向阳处；采用箱内和箱外双重保温的办法，如盖上棉被等。降温方法是在蜂箱上面用遮阳网覆盖。

4）更换蜂群。一群熊蜂的授粉寿命为45天左右。番茄花期长，应及时更换蜂群，保证授粉正常进行。

（6）应用环境管理

1）施药注意事项。授粉期间，严禁在棚内施用农药；杀菌剂对熊蜂也具有杀伤作用，但其致死作用明显低于杀虫剂；内吸型杀虫剂会污染花粉，熊蜂取食后就可能发生慢性中毒；在病虫害发生严重必须使用农药时，应选择无毒、低残留农药，并在喷洒农药前1天晚上，等熊蜂全部回巢后关闭巢门，然后搬移到无药害的缓冲间或工作间，打药后的第2天早上，再重新把蜂箱搬回原来的位置，开启巢门。

2）授粉温、湿度控制。温度需控制在 10～30℃，适宜温度为 15～25℃；湿度控制在 50%～80% 范围内；温度超过 30℃ 以上或湿度大于 90% 以上，不利于熊蜂正常工作，应根据天气变化和棚室温、湿度随时调节风口，把温度控制在 30℃ 以下为宜。

二 果树利用壁蜂授粉增产技术

（1）释放壁蜂前的准备工作

1）调整施药时间。释放壁蜂授粉的果园，必须在放蜂前 15～20 天全园喷洒一遍高效、低毒、无公害杀虫和杀菌剂。放蜂期间，绝对不能喷有机磷农药、除草剂，总之放蜂期间尽量不要喷药，防止毒杀正在授粉的壁蜂，影响授粉和繁殖。

2）蜂茧保存。蜂茧应在立春后立即从苇管或塑管中取出来放在冰箱里，准备开花时用，存放温度一般在 0～3℃，距放蜂期 10～15 天可把温度提高到 4～6℃，但不能超过 10℃，如果温度过高就会在冰箱内出蜂了。

3）制作蜂管。角额壁蜂选择内径为 6.0～6.8mm，凹唇壁蜂选择内径为 6～7mm 的芦苇或纸管制作壁蜂巢管。巢管内径太细，壁蜂所做花粉团小，幼虫由于营养不足，发育成雄蜂较多；太粗，做花粉团较大，虽发育成雌蜂多，但繁殖率低。按实际放蜂巢管的 2.5～3.0 倍准备巢管。长度一般为 16～18cm，要求一头带节，一头切成光滑斜口，管口染上蓝、黄、绿、黑等颜色，便于壁蜂定位，混匀后 50 支 1 捆，一端开口，一端用新黄泥或纸团封口，晾干后备用。每亩果园需蜂管 500 支。

4）田间设巢。放蜂前将巢箱设置在果园背风、向阳处，巢前开阔、无遮蔽，巢后设挡风障。可用 30cm×30cm×25cm 纸箱或木箱作巢箱，一面为开口。每个巢箱内放 2～4 捆巢管，分为 2 层，管口朝外，2 层间和顶层各放 1 块硬纸板，以固定巢管。巢箱用木架支撑，巢箱口朝南，箱底距地面 50 ~ 60cm，箱上用塑料布作遮雨棚防雨。也可用空心砖砌成蜂巢。一般每亩放 2 个蜂箱可满足果园的授粉。摆放蜂箱数越多，壁蜂的逃失率就越低。为了减少壁蜂逃失和提高回收率，每亩摆放蜂箱 5 个以上效果最好。

5）种植蜜源植物。在放蜂园蜂巢旁，于上一年秋播越冬油菜、苔菜等，也可春季栽打籽白菜、萝卜，4 月初就可开花，这样在苹果开花前就可为出巢的壁蜂提供充足的花粉和花蜜，促进壁蜂卵巢发育。

6）设置营巢用土坑。壁蜂营巢需用泥土间隔筑成巢室和封闭巢管管口，应人工设置营巢用土坑。在放蜂区开阔处每公顷设置 15 个长 200cm、宽 80cm、深 30cm 的土坑，挖好后，在坑底铺 1 层塑料布，随后顺坑边用较黏的土壤回填到原土量的一半，使坑中央形成 1 条小沟，塑料布四周用石块等压实。放蜂期间每天早、晚浇水 1 次，让土自然吸水渗湿，保持适宜的湿度，并用直径 0.7cm 的树枝戳若干个洞穴，以便招引壁蜂入穴取土（也可直接在巢箱前设置小型营巢用土坑）。

（2）果园释放壁蜂

1）果园放蜂。放蜂时间根据树种和花期而定。苹果树一般于中心花开放前 5 ~ 6 天进园释放。放蜂前，将去年保存的蜂茧取出，放在一个宽扁的小纸盒内，盒内平摊 1 层蜂茧，盒四周戳有多个直径 0.7cm 的孔洞，然后将纸盒放在巢箱内，经过一段时间，壁蜂即能陆续咬破茧壳出巢，一般 7 ~ 10 天即可出齐。破茧后壁蜂从孔洞中爬出，进行果园授粉活动。放蜂时，也可以采取将蜂茧装入信封或塑料袋内，与蜂管一起放在蜂巢内，同样可以收到良好的授粉效果。放蜂时，若壁蜂已经破茧而出，注意要在傍晚时释放壁蜂，以减少壁蜂的遗失。放蜂量根据果园面积、树种和历年结果状况而定，盛果期苹果园每公顷放蜂 3000 ~ 4500 只，盛果期梨、桃园每公顷放蜂 4500 ~ 6000 只。

2）壁蜂回收和保存。果树花期结束，授粉任务完成，壁蜂繁殖结束，此时要及时把巢箱收回。在回收壁蜂巢管时，一定要注意轻拿轻放，以免影响壁蜂幼虫的生长发育。把封口的巢管按 50 ~ 100

第八章 蜜蜂授粉技术

支为1捆装入网袋，挂在通风、干燥、干净、卫生的房屋中贮藏。贮藏时注意防鼠，同时不要与农药混放，并且也不要将蜂茧放在堆有粮食等杂物的房内，以防谷盗、粉螨和鳞翅目幼虫的危害。回收后的巢管待来年2月中旬外界气温回升时，将芦苇管剖开后取出蜂茧，剔除寄生蜂茧和病残茧后，用手稍微一搓，装入干净的玻璃瓶内，每瓶装500~1000只，随后用纱布和橡皮筋罩口，放入0~5℃下冷藏备用。

——第九章——
蜂产品生产技术

蜂产品是作为食品、保健品甚至药品直接进入市场，并被直接食用，在人们心目中具有崇高的价值，质量、品质和卫生始终贯穿于生产前的准备、生产过程和贮存包装各个环节。生产者必须身体健康，着工作服，戴帽戴口罩，注意个人卫生，严格遵守相关规定，讲究公德，不使蜂蜜等有任何的污染。

第一节 蜂蜜的生产

现代养蜂，生产蜂蜜的方法有分离蜜、蜂巢蜜二种。在生产的当天早上，清扫蜂场并洒水，保持生产场所及周围环境的清洁卫生。用清水冲洗生产工具、盛装容器等，晒干备用，必要时使用75%的酒精消毒。

一 分离蜂蜜

1. 生产原理

分离蜂蜜是利用分蜜机的离心力，把贮存在巢房里的蜂蜜甩出来，并用容器承接收集。

2. 操作规程

（1）脱落蜜蜂 把附着在蜜脾上的蜜蜂脱离蜜脾，其方法有抖落蜜蜂和吹落蜜蜂等。

1）抖落蜜蜂：人站在蜂箱一侧，打开大盖，把贮蜜继箱搬下，搁置在仰放的箱盖上，并在巢箱上放1个一侧带空脾的继箱；然后推开贮蜜继箱的隔板，腾出空间，两手紧握框耳，依次提出巢脾，对准新放继箱内空处、蜂巢正上方，依靠手腕的力量，上下迅速抖动2~3下，使蜜蜂落下，再用蜂扫扫落巢脾上剩余的蜜蜂（图9-1左）。脱蜂后的蜜脾置于搬运箱内，搬到分离蜂蜜的地方。当蜂扫沾蜜发黏时，将其浸入清水中涮干净，水甩净后再用。

> ● 【提示】 抖脾脱蜂，要注意保持平稳，不碰撞箱壁和挤压蜜蜂。

2）吹落蜜蜂：将贮蜜继箱置于吹蜂机的铁架上，使喷嘴朝向蜂路吹风，将蜜蜂吹落到蜂箱的巢门前（图9-1右）。

抖落蜜蜂　　　　　　　　吹落蜜蜂

图9-1　脱蜂（引自 http：//www.beeman.se）

（2）切割蜜盖　左手握着蜜脾的一个框耳，另一个框耳置于井字形木架或其他支撑点上，右手持刀紧贴蜜房盖从下向上顺势徐徐拉动，割去一面房盖，翻转蜜脾再割另一面，割完后送入分蜜机里进行分离。为提高切割效率，可采用电热割蜜刀切割（图9-2），大型养蜂场还用电动割蜜盖机。

割下的蜜盖和流下的蜂蜜，用干净的容器（盆）承接起来，最后滤出蜡渣，滤下的蜂蜜作蜜蜂饲料或酿造蜜酒、蜜醋。

（3）分离蜂蜜　将割除蜜房盖的蜜脾置于分蜜机的框笼里，转动摇把，由慢到快，再由快到慢，逐渐停转，甩净一面后换面或交叉换脾，再甩净另一面（图9-3）。

图9-2　电热割蜜刀切割蜜房盖
（引自 http：//www. megalink. net/ ~ northgro/images）

图9-3　分离蜂蜜——手工摇蜜和过滤
（引自 www. legaitaly. com）

　　遇有贮蜜多的新脾，先分离出一面的一半蜂蜜，甩净另一面后，再甩净初始的一面。在摇蜜时，放脾提脾要保持垂直平行，避免损坏巢房。

　　大型蜂场设置有取蜜车间或流动取蜜车，配备辐射式自动蜂蜜分离机等，用于提高劳动效率。在分离蜂蜜过程中，分蜜机的转速随着巢脾上蜂蜜被甩出从低速而逐渐加快，并以 250 ~ 350r/min 的速度将巢脾中残留的蜂蜜分离出来。

> ❷【提示】 摇蜜速度以甩净蜂蜜而不甩动虫蛹和损坏巢脾为准。

（4）归还巢脾　取完蜂蜜的巢脾，清除蜡瘤、削平巢房口后，立即返还蜂群。

采收平箱群的蜂蜜，首先要把该取的巢脾提到运转箱内，把有王脾和余下的巢脾按管理要求放好，再抖蜜脾上的蜜蜂于巢箱中，随抖蜂随取蜜、还脾。

3. 包装与贮存

分离出的蜂蜜，及时撇开上浮的泡沫和杂质，并用 80~100# 无毒滤网过滤，再装入专用包装桶内，每桶盛装 75 或 100kg，贴上标签，注明蜂蜜的品种、浓度、生产日期、生产者、生产地点和生产蜂场等，最后封紧桶口，贮存于通风、干燥、清洁的仓库中，按品种、浓度进行分等、分级，分别堆放、码好，不露天存放。在运输时，将蜜桶叠好、捆牢，尽量避免日晒雨淋，缩短运输时间。

4. 优质高产措施

选择蜜源丰富、环境良好的地方放蜂，饲养强群，继箱采蜜贮蜜；主要蜜源泌蜜开始清净蜂巢中原有蜂蜜，单独存放。贮蜜房有 1/3 封盖时，于早上 6~10 点取蜜，新取蜂蜜浓度不低于 40.5 波美度[⊖]。严防药物污染。

二　生产巢蜜

蜜蜂把花蜜酿造成熟贮满蜜房、泌蜡封盖，并直接作为商品被人食用的叫巢蜜。

1. 生产原理

蜜蜂把花蜜贮藏在巢穴上部的巢房中，经过充分酿造，贮满蜜房后即泌蜡封盖，根据蜜蜂酿造蜂蜜的特点和人的消费需要，制造各种规格的巢蜜格（盒），引导蜜蜂在其上造脾贮蜜，直至封盖，然后包装待售。

⊖　波美度为非法定计量单位，生产中常用，本书中仍保留，20℃下 40.5°Bé 液态蜂蜜的含水量为 22.3%。

2. 操作规程

（1）**组装巢蜜框**　巢蜜
框架大小与巢蜜盒（格）配
套，四角有钉子，高约
6mm。先将巢蜜框架平置在
桌上，把巢蜜盒每两个盒底
上下反向摆在巢框内，再用

图9-4　组盒成框

24号铁丝沿巢蜜盒间缝隙竖捆两道，等待涂蜡（图9-4）。

（2）**镶础或涂蜡**

1）盒底涂蜡：首先将纯净的蜜盖蜡加开水熔化，然后把盒子础
板在被水熔化的蜂蜡里蘸一下，再放到巢蜜盒内按一下，整框巢蜜
盒就涂好蜂蜡备用。为了生产的需要，涂蜡尽量薄少。

2）格内镶础：先把巢蜜格套在格子础板上，再把切好的巢础置
于巢蜜格中，用熔化的蜡液沿巢蜜格巢础座线将巢础粘固，或用巢
蜜础轮沿巢础边缘与巢蜜格巢础座线滚动，使巢础与座线粘好。

🔵 **【小资料】** 巢蜜础板比巢蜜盒（格）的外围尺寸略小、按
　照要求组合一起的方木块，高约18mm，包上绒布即是盒子巢蜜
　础板，反之，则为巢蜜格础板。

（3）**修筑巢蜜房**　利用生产前
期蜜源修筑巢蜜脾，约3~4天即
可造好巢房。在巢箱上一次加两层
巢蜜继箱，每层放3个巢蜜框架，
上下相对，与封盖子脾相间放置，
巢箱里放6~9张巢脾（图9-5）。
也可用十框标准继箱，将巢蜜盒
（格）放在特制的巢蜜格框内。

（4）**采收**　巢蜜盒（格）贮
满蜂蜜并全部封盖后，把巢蜜继箱
从蜂箱上卸下来，放在其他空箱
（或支撑架）上，用吹蜂机吹出

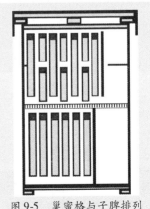

图9-5　巢蜜格与子脾排列

蜜蜂。

（5）灭虫　用含量为56%的磷化铝片剂对巢蜜熏蒸，在相叠密闭的继箱内按20张巢蜜脾放1片药，进行熏杀，15天后可彻底杀灭蜡螟的卵、虫。

（6）修正　将灭过虫的巢蜜脾从继箱中提出，解开铁丝，用力推出巢蜜盒（格），然后用不锈钢刀逐个清理巢蜜盒（格）边沿和四角上的蜂胶、蜂蜡及污迹，对刮不掉的蜂胶等用棉纱浸酒精擦拭干净，再盖上盒盖或在巢蜜格外套上盒子（9-6）。

图9-6　格子巢蜜的修整与包装

（7）裁切　如果生产的是整脾巢蜜，则须经过裁切和清除边沿蜂蜜后进行包装（图9-7）。

3. 蜂群管理

（1）组织蜂群　单王生产群，在主要蜜源植物泌蜜开始的第二天调整蜂群，把继箱撤走，巢箱脾数压缩到6～7框，蜜粉脾

图9-7　切割巢蜜脾，清除边缘残蜜
（引自 www.honeyflowfarm.com）

提出（视具体情况调到副群或分离蜜生产群中），巢箱内子脾按正常管理排列后，针对蜂箱内剩余空间用闸板分开，采用二、七分区管

理法，小区做交配群（图9-8）。巢箱调整完毕，在其上加平面隔王板，隔王板上面放巢蜜箱。巢蜜箱中的巢蜜盒（格）框，蜂多群势好的多加，蜂少群势弱的少加，以蜂多于脾为宜。

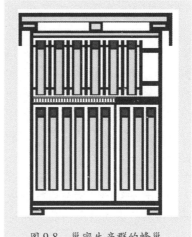

图9-8　巢蜜生产群的蜂巢

（2）**叠加继箱**　组织生产蜂群时加第一继箱，箱内加入巢蜜框后，应达到蜂略多于脾，待第一个继箱贮蜜60%时，蜜源仍处于泌蜜盛期，及时在第一个继箱上加第二个继箱，同时把第一个继箱前、后调头，当第一个继箱的巢蜜房已封盖80%，将第一个巢蜜继箱与第二个调头后的继箱互换位置（图9-9），若蜜源丰富，第二个继箱贮蜜已达70%，则可考虑加第三个继箱，第三个继箱直接放在前两个继箱上面，第一个继箱的巢蜜房完全封盖时，及时撤下。

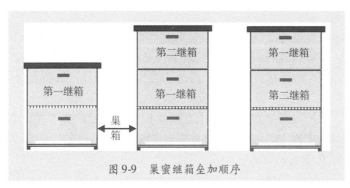

图9-9　巢蜜继箱垒加顺序

（3）**控制分蜂**　生产巢蜜的蜂群需应用优良新王，及时更换老劣蜂王；加强遮阳通风；积极进行蜂王浆生产。

（4）**控制蜂路**　采用10框标准继箱生产整脾巢蜜时，蜂路控制在5～6mm为宜；采用10框浅继箱生产巢蜜时，蜂路控制在7～8mm

为佳。

控制蜂路的方法：在每个巢蜜框（或巢蜜格支撑架）和小隔板的一面四个角部位钉 4 个小钉子，每个钉头距巢框 5～6mm。相间安放巢框和隔板时，有钉的一面朝向箱壁，依次排列靠紧，最后用两根等长的木棒（或弹簧）在前后两头顶住最外侧隔板，另一头顶住箱壁，挤紧巢框，使之竖直、不偏不斜、蜂路一致。

（5）促进封盖　当主要蜜源即将结束，蜜房尚未贮满蜂蜜或尚未完全封盖时，需及时用同一品种的蜂蜜强化饲喂。没有贮满蜜的蜂群喂量要足，若蜜房已贮满等待封盖，可在每天晚上酌情饲喂。饲喂期间揭开覆布，以加强通风、排除湿气。

（6）预防盗蜂　为被盗蜂群做一个长宽各 1m、高 2m，四周用尼龙纱围着的活动纱房，罩住被盗蜂群。被盗不重时，只罩蜂箱不罩巢门；被盗严重时，蜂箱、巢门一起罩上，开天窗让蜜蜂进出，待盗蜂离去、蜂群稳定后再搬走纱房。而利用透明无色塑料布罩住被盗蜂群，亦可达到撞击、恐吓直至制止盗蜂的目的。在生产巢蜜期间，各群体不得前后错开来增加空气流通。

4. 包装与贮存

根据巢蜜的平整与否、封盖颜色、花粉有无、重量等进行分级和分类，剔除不合格产品，然后装箱，在每两层巢蜜盒之间放 1 张纸，防止盒盖的磨损，再用胶带纸封严纸箱，最后把整箱巢蜜送到通风、干燥、清洁、温度 20℃ 以下、室内相对湿度保持在 50%～75% 的仓库中保存。按品种、等级、类型分垛码放，纸箱上标明防晒、防雨、防火、轻放等标志。

在运输巢蜜过程中，要尽力减少振动、碰撞，要苫好、垫好，避免日晒雨淋，防止高温，尽量缩短运输时间。

5. 优质高产措施

新王、强群和蜜源充足是提高巢蜜产量的基础，选育产卵多、进蜜快、封盖好、抗病强、不分蜂的蜂群（如用东北黑蜂为母本、黄色意蜂作父本的单交或双交蜂种）连续生产，可加快生产速度，安排 2/3 的蜂群生产巢蜜，1/3 的蜂群生产分离蜜，在泌蜜期集中生产，泌蜜后期或泌蜜结束，集中及时喂蜜。

在生产巢蜜的过程中，严格按操作规程、食品卫生要求、巢蜜质量标准进行。坚持用浅继箱生产，严格控制蜂路大小和巢蜜框竖直。防止污染，不用病群生产巢蜜。饲喂的蜂蜜必须是纯净、符合卫生标准的同品种蜂蜜，不得掺入其他品种的蜂蜜或异物，生产饲喂工具无毒，用于灭虫的药物或试剂不得过量，避免对巢蜜外观、气味等造成污染。在巢蜜生产期间，不允许给蜂群喂药，防止抗生素污染。

第二节　蜂王浆的生产

蜂王浆是工蜂王浆腺和上颚腺分泌的混合物，用于饲喂蜜蜂幼虫和蜂王的食物。生产蜂王浆的场所清洁卫生，气温20~30℃、相对湿度75%~80%。如果空气干燥，可在地面洒温水。移虫时须避免阳光直射幼虫。

一　计量蜂王浆的采集

1. 生产原理

模拟蜂群培育蜂王的特点，然后仿造自然王台和引诱蜜蜂分泌蜂王浆。

2. 操作规程

（1）**安装浆框**　用蜡碗生产的，首先粘装蜡台基，每条20~30个。用塑料台基生产的，每框装4~10条，用金属丝将其捆绑在浆框条上即可（图9-10）。蜡碗可使用6~7批

图9-10　将塑料台基条捆绑在王浆框上

次，塑料台基用几次后，应清理浆垢和残蜡1次，清水冲洗后再继续使用。

（2）**工蜂修台**　将安装好的浆框插入产浆群中，让工蜂修理2~3h，即可取出移虫。掉的台基补上，啃坏的台基换掉。凡是第一次使用的塑料台基，须置于产浆群中修理12~24h，正式移虫前，在每

个台基内点上新鲜蜂王浆，可提高接受率。

（3）人工移虫 从供虫群中提出虫脾，左手提握框耳，轻轻抖动，使蜜蜂跌落箱中，再用蜂扫扫落余蜂于巢门前。虫脾平放在承脾木盒中，使光线照到脾面上，再将育王框（或王台基条）置其上，转动待移虫的台基条，使台基口向上斜外。

选择巢房底部王浆充足、有光泽、孵化约 24h 的工蜂幼虫（图9-11），将移虫针的舌端沿巢房壁插入房底，从王浆底部越过幼虫，顺房口提出移虫针，带回幼虫，将移虫针端部送至台基底部，推动推杆，移虫舌将幼虫推向台基的底部，退出移虫针（图9-12）。

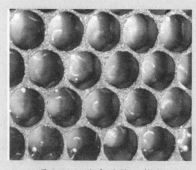 

图 9-11 培育适龄王浆虫　　　　图 9-12 移虫

移虫时不挤碰幼虫，做到轻、快、稳、准，操作熟练，不伤幼虫和防止幼虫移位，速度为 3～5min 移 100 条左右。

（4）插框 移好 1 框，将王台口朝下放置，及时加入生产群生产区中，引诱工蜂泌浆喂虫（图9-13）。暂时置于继箱的，上放湿毛巾覆盖，待满箱后同时放框；或将台基条竖立于桶中，上覆湿毛巾，集中装框，在下午或傍晚插入最适宜。

图 9-13 引诱工蜂泌浆喂虫

（5）**补移幼虫** 移虫 2 ~ 3h 后，提出浆框进行检查，凡台中不见幼虫的（蜜蜂不护台）均需补移，使接受率达到 90% 左右。补虫时可在未接受的台基内点一点鲜蜂王浆再移虫。

（6）**收取浆框** 移虫 62 ~ 72h，在下午 1 ~ 3 点提出采浆框（图9-14），捏住浆框一端框耳轻轻抖动，把上面的蜜蜂抖落于原处，用清洁的蜂刷拂落余蜂。

收框时观察王台接受率、王台颜色和蜂王浆是否丰盈，如果王台内蜂王浆充足，可再加 1 条台基，反之，可减去 1 条台基。同时在箱盖上做上记号，比如写上"6 条"、"10 条"等字样，在下浆框时不致失误。

（7）**削平房壁** 用喷雾器从上框梁斜向下对王台喷洒少许冷水（勿对王台口），用割蜜刀削去王台顶端加高的房壁，或者顺塑料台基口割除加高部分的房壁，留下长约 10mm 有幼虫和蜂王浆的基部，勿割破幼虫（图 9-15）。

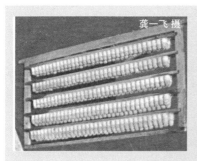
图 9-14 提取浆框，清除蜜蜂

图 9-15 切削房壁

（8）**捡虫** 削平王台后，立即用镊子夹住幼虫的上部表皮，将其拉出，放入容器，注意不要夹破幼虫，也不要漏捡幼虫（图 9-16）。

（9）**挖浆** 用挖浆铲顺房壁插入台底，稍旋转后提起，把蜂王浆刮带出台，然后刮入蜂王浆瓶（壶）内（瓶口可系 1 线，利于刮落），并重复一遍刮尽（图 9-17）。

至此，生产蜂王浆的一个流程完成，历时 2 ~ 3 天，但蜂王浆的

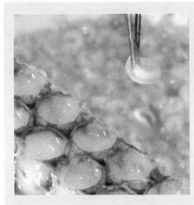

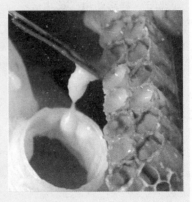

图 9-16　捡虫　　　　　　　　图 9-17　挖浆

生产由前一批结束开始第二批的生产，取浆后尽可能快地把幼虫移入刚挖过浆还未干燥的前批台基内，前批不被接受的蜡碗割去，在此位置补 1 个已接受的老蜡碗。如人员富足，应分批提浆框→分批取王浆→分批移幼虫→随时下浆框，循环生产。

3. 蜂群管理

（1）组织生产群

1）大群产浆：春季提早繁殖，群势平箱达到 9～10 框，工蜂满出箱外，蜂多于脾时，即加上继箱，巢、继箱之间加隔王板，巢箱繁殖，继箱生产。

选产卵力旺盛的新王导入产浆群，维持强群群势 11～13 脾蜂，使之长期稳定在 8～10 张子脾，2 张蜜脾，1 张专供补饲的花粉脾（大泌蜜后群内花粉缺乏时须迅速补足），巢脾布置巢箱为 7 脾，继箱 4～6 脾。这种组织生产群的方式适宜小转地、定地饲养。春季油菜大泌蜜期用 10 条 33 孔大型台基条取浆，夏秋用 6～8 条台基条取浆。

2）小群产浆：平箱群蜂箱中间用立式隔王板隔开，分为产卵区和产浆区，2 区各 4 脾，产卵区用 1 块隔板，产浆区不用隔板。浆框放产浆区中间，两边各 2 脾。泌蜜期，产浆区全用蜜脾，产卵区放 4 张脾供产卵；无蜜期，蜂王在产浆区和产卵区 10 天一换，这样 8 框全是子脾。

（2）组织供虫群

1）虫龄要求：主要蜜源花期，选移 15～20h 龄的幼虫；在蜜、粉源缺乏时期则选移 24h 龄的幼虫，同一浆框移的虫龄大小一定要均匀。

2）虫群数量：早春将双王群繁殖成强群后，在拆除部分双王群时，组织双王小群——供虫群。供虫群占产浆群数量的 12%，例如，一个有产浆群 100 群的蜂场，可组织双王群 12 箱，共 24 只蜂王产卵，分成 A、B、C、D 共 4 组，每组 3 群，每天确保 6 脾适龄幼虫供移虫专用。

3）组织方法：在组织供虫群时，双王各提入 1 框大面积正出房子脾放在闸板两侧，出房蜜蜂维持群势。A、B、C、D4 组分 4 天依次加脾，每组有 6 只蜂王产卵，就分别加 6 框老空脾，老脾色深、房底圆，便于快速移虫。

4）调用虫脾：向供虫群加脾供蜂王产卵和提出幼虫脾供移虫的间隔时间为 4 天，4 组供虫群循环加脾和供虫，加脾和用脾顺序见表 9-1。

表 9-1　专用供虫群加脾和用脾顺序　　（单位：天）

	加空脾供产卵	提出移虫	加空脾供产卵	调出备用	提出移虫	加空脾供产卵	调出备用
A	1$_{P1}$	5$_{P1}$	5$_{P2}$	6$_{P1}$	9$_{P2}$	9$_{P3}$	10$_{P2}$
B	2$_{P1}$	6$_{P1}$	6$_{P2}$	7$_{P1}$	10$_{P2}$	10$_{P3}$	11$_{P2}$
C	3$_{P1}$	7$_{P1}$	7$_{P2}$	8$_{P1}$	11$_{P2}$	11$_{P3}$	12$_{P2}$
D	4$_{P1}$	8$_{P1}$	8$_{P2}$	9$_{P1}$	12$_{P2}$	12$_{P3}$	13$_{P2}$

注：P1、P2 和 P3 分别为第一次加的脾、第二次加的脾和第三次加的脾。

移虫后的巢脾返还蜂群，待第二天调出作为备用虫脾。移虫结束，若巢脾充足，备用虫脾即调到大群，否则，用水冲洗大小幼虫及卵，重新作为空脾使用。

● **【小经验】** 春季气温较低时空脾应在提出虫脾的当天下午 5 点加入，夏天气温较高时空脾应在次日上午 7 点加入。

5）维持群势：长期使用供虫群，按期调入子脾，撤出空脾。专业生产蜂王浆的养蜂场，应组织大群数 10% 的交配群，既培育蜂王又可与大群进行子、蜂双向调节，不换王时用交配群中的卵或幼虫脾不断调入大群哺养，快速发展大群群势。

6）小蜂场组织供虫群：选择双王群，将一侧蜂王和适宜产卵的黄褐色巢脾（育过几代虫的）一同放入蜂王产卵控制器，蜂王被控制在空脾上产卵 2~3 天，第 4 天后即可取用适龄幼虫，并同时补加空脾，一段时间后，被控的蜂王与另一侧的蜂王轮流产适龄幼虫。

（3）管理生产群

1）双王繁殖，单王产浆。秋末用同龄蜂王组成双王群，繁殖适龄健康的越冬蜂，为来年快速春繁打好基础。双王春繁的速度比单王快，加上继箱后采用单王群生产。

2）换王选王，保持产量。蜂王年年更新，新王导入大群，50~60 天后鉴定其蜂王浆生产能力，将产量低的蜂王迅速淘汰再换上新王。

3）调整子脾，大群产浆。春秋季节气温较低时提 2 框新封盖子脾保护浆框，夏天气温高时提上 1 框脾即可。10 天左右子脾出房后再从巢箱调上新封盖子脾，出房脾返还巢箱以供产卵。

4）维持蜜粉充足，保持蜂多于脾。在主要蜜粉源花期，养蜂场应抓住时机大量繁蜂。无天然蜜粉源时期，群内缺粉少糖，要及时补足，最好喂天然花粉，也可用黄豆粉配制粉脾饲喂。方法是：黄豆粉、蜂蜜、蔗糖按 10∶6∶3 重量配制。先将黄豆炒至九成熟，用 0.5mm 筛的磨粉机磨粉，按上述比例先加蜂蜜拌匀，将湿粉从孔径 3mm 的筛上通过，形如花粉粒，再加蔗糖粉（1mm 筛的磨粉机磨成粉）充分拌匀灌脾，灌满巢房后用蜂蜜淋透，以便工蜂加工捣实，不变质。粉脾放置在紧邻浆框的一侧，这样，浆框一侧为新封盖子脾，另一侧为粉脾，5~7 天重新灌粉 1 次。在蜂稀不适宜加脾时，也可将花粉饼（按上述比例配制，捏成团）放在框梁上饲喂。群内缺糖时，应在夜间用糖浆奖饲，确保哺育蜂的营养供给。

定地和小转地蜂场，在产浆群贮蜜充足的情况下，做到糖浆"二头喂"，即浆框插下去当晚喂 1 次，以提高王台接受率；取浆的前一晚喂 1 次，以提高蜂王浆产量。大转地产浆蜂场要注意蜜不能摇得太空，转场时群内蜜要留足，以防到下个场地时天下雨或者不泌蜜，造成蜂群拖子，蜂王浆产量大跌。

5）控制蜂巢温、湿度。蜂巢中产浆区的适宜温度是 35℃ 左右，相对湿度为 75% 左右。气温高于 35℃ 时，蜂箱应放在阴凉地方或在蜂箱上空架起凉棚，注意通风，必要时可在箱盖外浇水降温，最好是在副盖上放一块湿毛巾。

6）蜂蜜和蜂王浆分开生产。生产蜂蜜时间宜在移虫后的次日进行，或上午采蜜、下午采浆。

7）分批生产。备 4 批台基条，第四批台基条在第一批产浆群下浆框后的第三天上午用来移虫，下午抽出第一批浆框时，立即将第四批移好虫的浆框插入，达到连续产浆。第一批的浆框可在当天下午或傍晚取浆，也可在第二天早上取浆，取浆后上午移虫，下午把第二批浆框抽出时，立即把这第一批移好虫的浆框插入第二批产浆群中，如此循环，周而复始。

4. 包装与贮藏

生产出的蜂王浆及时用 0.28mm（60 目）或 0.18mm（80 目）滤网，经过离心或加压过滤［养蜂场或收购单位严禁在久放或冷藏（冻）后过滤，防止 10-HDA 的流失］，按 0.5kg、1kg 和 6kg 分装入专用瓶或壶内并密封（彩图 11），存放在 −15～−25℃ 的冷库或冰柜中贮藏。

蜂场野外生产，应在篷内挖 1m 深的地窖临时保存，上盖湿毛巾，并尽早交售。

5. 优质高产措施

（1）选用良种 中蜂泌浆量少，黄色意蜂泌浆量多。选择蜂王浆高产和 10-HDA 含量高的种群，培育产浆蜂群的蜂王。引进蜂王浆高产蜂种，然后进行育王，选育出适合本地区的蜂王浆高产品种。

（2）强群生产 产浆群应常年维持 12 框蜂以上的群势，巢箱 7 脾，继箱 5 脾，长期保持 7～8 框四方形子脾（巢箱 7 脾，继箱 1 脾）。

（3）下午取浆 下午取浆比上午取浆产量约高 20%。

（4）**选择浆条** 根据技术、蜂种和蜜源，选择圆柱形有色（如黑色、蓝色、深绿色等）台基条和适时增加或减少王台数量。一般12框蜂用王台100个左右，强群1框蜂放台数8～10个。外界蜜粉不足，蜂群群势弱，应减少放台数量，防止10-HDA含量的下降，王台数量与蜂王浆总产量呈正相关，而与每个王台的蜂王浆量和10-HDA含量成负相关。

（5）**长期、连续取浆** 早春提前繁殖，使蜂群及早投入生产。在蜜源丰富季节抓紧生产，在有辅助蜜源的情况下坚持生产，在蜜源缺乏但天气允许的情况下，视投入产出比，如果有利，喂蜜喂粉不间断生产，喂蜜喂粉要充足。

（6）**虫龄适中、虫数充足** 利用副群或双王群，建立供虫群，适时培育适龄幼虫。48h取浆，移48h龄的幼虫；62h取浆，移36h龄的幼虫；72h取浆，移24h龄内的幼虫。适时取浆，有助于防止蜂王浆老化或水分过大。

（7）**饲料充足** 选择蜜粉丰富、优良的蜜源场地放蜂，蜜粉缺乏季节，浆框放幼虫脾和蜜粉脾之间，在放入浆框的当晚和取浆的前1天傍晚奖励饲喂，保持蜂王浆生产群的饲料充足。对蜂群进行奖励时禁用添加剂饲料，以免影响蜂王浆的色泽和品质。

（8）**加强管理，防暑降温** 外界气温较高时浆框可放边二脾的位置，外界气温较低时应放中间位置。

（9）**蜂群健康，防止污染** 生产蜂群须健康无病，整个生产期和生产前1个月不用抗生素等药物杀虫治病。捡虫时要捡净，割破的幼虫，要把该台的蜂王浆移出另存或舍弃。

（10）**保证卫生** 严格遵守生产操作规程，生产场所要清洁，空气流通，所有生产用具应用75%的酒精消毒，生产人员身体健康，注意个人卫生，工作时戴口罩、着工作服及帽。取浆时不得将挖浆工具和移虫针插入其他物品中，盛浆容器务必消毒、洗净和晾干，整个生产过程尽可能在室内进行，禁止无关的物品与蜂王浆接触。

二　计数蜂王浆的采集

1. 生产原理

蜂王浆在销售、保存和使用时，均以1个王台为基本单位进行，即将装满蜂王浆的王台从蜂群提出，捡净幼虫，立即消毒、装盒贮存，或者从蜂群中取出王台，连幼虫带王台，经消毒处理后装盒冷冻保存。

2. 操作规程

（1）组装王台绑浆框

将单个王台推进王台条座的卡槽内，12 个王台组成 1 条王台条，浆框的每一个框梁上捆绑 2 条王台条，再把每条王台条用橡皮圈固定在浆框的框梁上（图

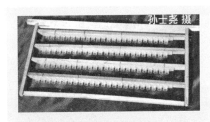

图 9-18　计数蜂王浆框

9-18）。根据王台条的长短，在浆框木梁两端及中间各钉 1 个小钉，钉头距木框 3mm，用橡皮圈绕木梁一周后捆住王台条，然后挂在小钉 3mm 的钉头上。

（2）插浆框诱蜂泌浆　将移好虫的浆框及时插入产浆群，初次插框产浆时，首先要提前 1～2h 将产浆群中的虫脾和蜜粉脾移位，使之相距 30mm，插框时徐徐放下，不扰乱蜂群的正常秩序。在插浆框的同时插入待修王台的浆框。

一般情况下，蜂群达到 8～9 框蜂的可插入有 72 个王台的浆框；达到 12 框蜂的可插入有 96 个王台的浆框；达到 14 框蜂以上的可插入有 144 个王台的浆框，或隔日错开再插入 96 个王台的浆框，保持一个大群有 2 个浆框。但在蜜源、蜂群不太好的情况下，即使插入 1 个浆框也要酌情减少王台数量，首先减去上面的 1 条，后减下面的 1 条，留中间 2 条，这样王台条刚好在蜂多的位置，以便工蜂泌浆育虫和保温。

（3）及时补虫或换台　补虫方法同计量蜂王浆的生产。此外，还可把已接受幼虫的王台集中一框继续生产，没接受幼虫的王台重新组框移虫再生产。

（4）收浆装盒更换次品　收取时间一般在移虫后 60～70h（2.5～3 天），边收浆框边在原位置放进移好虫的浆框，或把前 1 天放入的浆框移到该位置，并加入待修台的浆框，以节约时间，并减少开箱次数。将附

着在浆框上的蜜蜂轻轻抖落在蜂箱内，再用清洁的蜂扫拂去余蜂，或用吹蜂机吹落蜜蜂，勿将异物吹进王台中。

从浆框梁上解开橡皮圈，卸下王台条，用镊子小心捡拾幼虫，注意不能使王台口变形，一旦变形要修整如初，否则，应与不足0.5g的王台一同换掉，使整条王台内的蜂王浆一致，上口高度和色泽一样，另外还要注意蜂王浆状态不被破坏。

取出的王台蜂王浆经清污消毒后，将王台条推进王台盒底的插座内，放2支取浆勺，盖上盒盖（图9-19）。

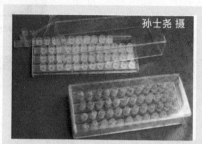

图9-19　计数蜂王浆
（示：底座和台基）

3. 蜂群管理

用隔王板把生产群的蜂巢隔为生产区和繁殖区，产浆区将小幼虫脾放中间，粉脾放两侧，往外是新封盖蛹脾和蜜脾，浆框插在幼虫脾和粉蜜脾之间。生产一段时间后，蜜蜂形成条件反射，就可以不提小虫脾放继箱，巢脾的排列则为蜜粉脾在两边，浆框两侧放新封盖蛹脾，每6天（2个产浆期）调整1次蜂群，从巢箱内或其他蜂群中给产浆区调入幼虫脾或新封盖子脾，促使更多哺育蜂在此处集结泌浆育虫，在生产期，浆框两侧不少于1张封盖蛹脾。

保持蜂多于脾，饲料充足，视群势强弱增减王台数量。

4. 包装与贮藏

浆框提出蜂箱后，取虫、清污、消毒、装盒和速冻以最快的速度进行，忌高温和暴露时间过长。盒子透明，不能磨损和碰撞，盒与盒之间由瓦楞纸相隔，置于专用泡沫箱内，送冷库冷冻存放。

5. 优质高产措施

选育蜂王浆高产蜂种，保持食物充足，坚持调脾连产。每个王台内蜂王浆含量不少于0.5g，王台口蜡质洁白或微黄，高低一致，无变形、无损坏；王台内的幼虫要求取出的，应全部捡净，并保持蜂王浆状态不变。

第三节 蜂花粉的收集

蜂花粉的收集包括脱花粉和收蜂粮。

一 脱花粉

1. 生产原理

蜜蜂采集植物的花粉，并在后足花粉篮中堆积成团带回蜂巢，在通过巢门设置的脱粉孔时其后足携带的两团花粉就被截留下来，待接粉盒积累到一定数量蜂花粉后，集中收集晾（烘）干。

2. 操作规程

（1）脱粉时间安排 一个花期，应从蜂群进粉略有盈余时开始脱粉，而在大泌蜜开始时结束，或改脱粉为抽粉脾。一天当中，山西省大同地区的油菜花期、太行山区的野皂荚蜜源在 7 ~ 14 点脱粉，有些蜜源花期可全天脱粉（在湿度大、粉足、泌蜜差的情况下），有些只能在较短时间内脱粉，如玉米和莲花粉，只有在早上 7 ~ 10 点才能生产到较多的花粉。在一个花期内，如果蜜、浆、粉兼收，脱粉应在上午 9 点以前进行，下午生产蜂王浆，两者之间生产蜂蜜。当主要蜜源大泌蜜开始，要取下脱粉器，集中力量生产蜂蜜。

（2）安装脱粉器 先把蜂箱垫成前低后高，取下巢门档，清理、冲洗巢门及其周围的箱壁（板）；然后，把脱粉器紧靠蜂箱前壁巢门放置，堵住蜜蜂通往巢外除脱粉孔以外的所有空隙，并与箱底垂直。

在脱粉器下安置簸箕形塑料集粉盒（或以覆布代替），脱下的花粉团自动滚落盒内（图 9-20），积累到一定量时，及时倒出。

图 9-20 截留花粉

（3）干燥花粉 晾晒在无毒、干净的塑料布或竹席上，花粉要均匀摊开，厚度约 10mm 为宜，并在蜂花粉上覆盖一层棉纱布。晾晒初期少翻动，如有疙瘩时，2h后用薄木片轻轻拨开。

尽可能一次晾干，干的程度以手握一把花粉听到唰唰的响声为宜。若当天晾不干，应装入无毒塑料袋内，第二天继续晾晒或作其他干燥处理。对莲花粉，3h左右须晾干。

恒温干燥箱中干燥的方法是：把花粉放在烘箱托盘的衬纸上或托盘的棉纱布上，接通电源，调节烘箱温度至45℃，8h左右即可收取保存。

> **【提示】** 不得在沥青、油布（毡）上晾晒花粉，以免花粉变黑和沾染毒物。

3. 蜂群管理

（1）选择脱粉工具　10框以下的蜂群选用二排的脱粉器，10框以上的蜂群选用三排及以上的脱粉器。西方蜜蜂一般选用4.8～4.9mm孔径的脱粉器，例如，山西省大同地区的油菜花期、内蒙古的葵花期、驻马店的芝麻花期和南方茶叶花期、四川的蚕豆和板栗花期；4.6～4.7mm孔径的适用于中蜂脱粉。

（2）组织脱粉蜂群，优化群势　在生产花粉15天前或进入粉源场地后，有计划地从强群中抽出部分带幼蜂的封盖子脾补助弱群，使之在粉源植物开花时达到8～9框的群势，或组成10～12框蜂的双王群，增加生产群数。

> **【小经验】** 在粉源丰富的季节，有5脾蜂的蜂群就可以投入生产，单王群8～9框蜂生产蜂花粉较适宜，双王群脱粉产量高而稳产。

（3）蜂王管理　使用良种、新王生产，在生产过程中不换王、不治螨、不介绍王台，这些工作要在脱粉前完成。同时要少检查、少惊动。

（4）选择巢门方向　春天巢向南，夏、秋季面向东北方向，巢口不对着风口，避免阳光直射。

（5）**蜂数足繁殖好，协调发展** 在开始生产花粉前45天至花期结束前30天有计划地培育适龄采集蜂，做到蜂群中卵、虫、蛹、蜂的比例正常，幼虫发育良好。

群势平箱8~9框，继箱12框左右，蜂和脾的比例相当或蜂略多于脾。

（6）**饲料够** 蜂巢内花粉够吃不节余，或保持花粉略多于消耗。无蜜源时先喂好底糖（饲料），有蜜采进但不够当日用时，每天晚上喂，达到第二天糖蜜的消耗量，以促进繁殖和使更多的蜜蜂投入到采粉工作中去，特别是干旱天气更应每晚饲喂。

在生产初期，将蜂群内多余的粉脾抽出妥善保存；在泌蜜较好进行蜂蜜生产时，应有计划地分批分次取蜜，给蜂群留足糖饲料，以利蜂群繁殖。

（7）**连续脱粉，雨后及时脱粉** 生产花粉开始后，要求连续脱粉，不间断；雨天停止脱粉，但在雨过天晴后，及时装上脱粉器。

（8）**防止热伤，防止偏集** 脱粉过程中若发现蜜蜂爬在蜂箱前壁不进巢、怠工、巢门堵塞，应及时揭开覆布、掀起大盖或暂时拿掉脱粉器，以利通风透气，积极降温，查明原因及时解决。气温在34℃以上时应停止脱粉。

若对全场蜂群同时脱粉，同一排的蜂箱应同时安装或取下脱粉器，防止蜜蜂钻进它箱。

4. 包装与贮存

干燥后的花粉用双层无毒塑料袋密封后外套编织袋包装，每袋40kg，密封，在交售前不得反复晾晒和倒腾。莲花粉须在塑料桶、箱中保存，内加塑料袋。此外，工厂或公司可用铝箔复合袋抽气充氮包装。在通风、干燥和阴凉的地方可以暂时贮存，在 -5℃ 以下的库房中可长期保存。

5. 优质高产措施

（1）**防污染和毒害** 生产蜂花粉的场地要求植被丰富、空气清新，无飞沙与扬尘；周边环境卫生，无苍蝇等飞虫，远离化工厂、粉尘厂；避开有毒、有害蜜源。

（2）**生产蜂群健康** 不用病群生产，生产前冲刷箱壁，脱粉中

不治螨，不使用升华硫。若粉源植物施药或刮风天气，应停止生产。晾晒花粉须罩纱网或覆盖纱布，防止飞虫进入。

（3）粉源植物优良　一群蜂应有油菜 3～4 亩、玉米 5～6 亩、向日葵 5～6 亩、荞麦 3～4 亩供采集，五味子、杏树花、莲藕花、茶叶花、芝麻花、栾树花、蓳草花、虞美人、党参花、西瓜花、板栗花、野菊花和野皂荚等蜜源花期，都可以生产蜂花粉。

（4）防混杂和破碎　集粉盒面积要大，当盒内积有一定量的花粉时要及时倒出晾干，以免压成饼状。

在采杂粉多的时间段内和采杂粉多的蜂群，所生产的花粉要与纯度高的花粉分批收集，分开晾晒，互不混合。

二　收蜂粮

蜂粮由工蜂采集花粉经过唾液、乳酸菌等酿造贮藏在巢房中的固体物质，为蜜蜂的蛋白质食物。

> **➡【小资料】**　蜂粮的质量稳定，口感好，卫生指标高于蜂花粉，营养价值优于同种粉源的蜂花粉，易被人体消化吸收，而且不会引起花粉过敏症。

1. 生产原理

利用可拆卸和组装的蜂粮专用塑料巢脾（图 9-21），或使用纯净的蜜盖蜡轧制的巢础、无础线筑造的蜂粮专用蜡质巢脾，通过管理促使蜜蜂在其上贮藏花粉并酿造成成熟蜂粮。塑料巢脾生产的是颗粒状的蜂粮，蜡质巢脾生产的是切割成各种造型的块状蜂粮。另外，生产蜂粮，还可参照生产盒装巢蜜的方法，用巢蜜盒生产蜂粮。

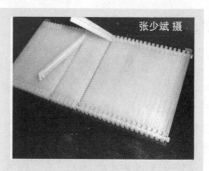

图 9-21　分合式巢房组成蜂粮专用巢脾

蜂粮专用蜡质巢脾造好后要让蜂王产上卵育 2~3 代虫，然后再用于蜂粮生产。

2. 操作规程

（1）单王群生产蜂粮　用三框隔王栅和框式隔王板把蜂巢分成产卵区 A、成熟区 C 和生产区 B 三部分，依次排列巢脾（图 9-22）封盖子脾 1、大幼虫脾 2、正出房子脾或空脾 3、蜂粮脾 4、大幼虫脾 5、装满蜂蜜脾 6。然后加入蜂粮生产脾，约 1 周，视贮粉多少，及时提到继箱，等待成熟，当有部分蜂粮巢房封盖，即取出等待后继工序，原位置再放蜂粮生产脾 1 张，并把 A、B、C 三区巢脾调整如初。

（2）双王群生产蜂粮　用框式隔王板把巢箱隔成三部分，若三部分相等，中间区的中央放无空巢房的虫脾或卵脾，其两侧放蜂粮生产脾；若中间区有两个脾的空间，则放两张蜂粮脾（图 9-23）。

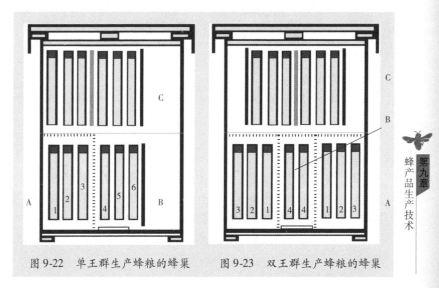

图 9-22　单王群生产蜂粮的蜂巢　　图 9-23　双王群生产蜂粮的蜂巢

继箱与巢箱之间加平面隔王板，继箱中放子脾、蜜脾和浆框。当巢房贮存满蜂粮后及时提到继箱使之成熟，有部分蜂粮封盖后取出。

(3) 蜂粮的消毒灭虫 抽出的蜂粮巢脾（图9-24）用75%的食用酒精喷雾消毒及用无毒塑料袋密封后，放在 −18℃ 的温度冷冻48h，或用磷化铝熏蒸杀死寄生在上面的害虫。

(4) 蜂粮的切割拆卸 经消毒和灭虫的蜂粮，在塑料巢脾内，应拆开收集，用无毒塑料袋包装后待售（图9-25）。在蜡质巢脾内的蜂粮，可用模具刀切成所需形状，用无毒玻璃纸密封后，再用透明塑料盒包装，标明品名、种类、重量、生产日期、食用方法等，即可出售或保存。

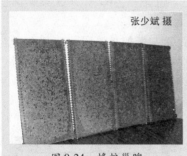

图9-24 蜂粮巢脾

图9-25 蜂粮

3. 蜂群管理

生产蜂粮的蜂群，其管理措施与生产花粉的蜂群相似，其特殊要求如下：

(1) 新王、预防分蜂热 新王、健康和无分蜂热的蜂王浆高产蜂群适合生产蜂粮。

(2) 调整蜂粮脾位置 及时把装满花粉的蜂粮脾调到边脾或继箱的位置，让蜜蜂继续酿造，当有一部分巢房封盖即表示成熟，及时抽出。在原位置再放置蜂粮生产脾，以供贮粉，继续生产。

(3) 提供产卵用巢脾 在产卵区，适时将产满卵的子脾调到蜂粮脾外侧，傍晚供给正出房的封盖子脾。

4. 包装与贮藏

蜂粮脾经消毒、灭虫后即可使用无毒塑料袋或盒包装，放在通风、阴凉、干燥处保存，或置于 −5℃ 以下的冷库中贮藏。保存期间要防鼠害，防害虫的再次寄生，防污染和变质。

5. 高产优质措施

（1）粉源植物优良 同"一、脱花粉"。

（2）生产蜂群健康 新王、蜂群健康、蜂脾相称或蜂多于脾，蜜糖充足。

第四节 蜂胶的积累

蜂胶是蜜蜂采集的树芽分泌物（图9-26），与其唾液混合后的胶状物质。蜜蜂在气温较高的夏、秋季节采胶，西方蜜蜂采胶，东方蜜蜂不采，高加索蜂采胶能力强。

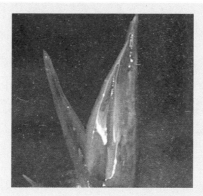

图9-26 杨树芽胶液

一 蜂胶生产原理

蜜蜂采集植物芽液，涂抹于蜂巢穴上方以及巢穴缝隙处，用于抑制微生物的生长与繁殖，以及清洁巢房。在蜜蜂采胶季节，将有缝竹丝栅片或尼龙纱网置于蜂巢上方，待蜂胶积累到一定量时，取出，通过冷冻、抠刮或搓揉，将蜂胶取下。

蜂胶生产要求外界最低气温在15℃以上，蜂场周围2.5km范围内有充足的胶源植物；蜂群强壮、健康无病、饲料充足。

二 操作规程

（1）放置聚胶器械 用尼龙纱网取胶时，在框梁上放3mm厚的竹木条，把0.45mm（40目）左右的尼龙纱网折叠双层放在上面，再盖上盖布。检查蜂群时，打开箱盖，揭下覆布，然后盖上，再连同尼龙纱网一起揭掉，蜂群检查完毕再盖上（图9-27）。或直接将双层尼龙纱网覆盖在副盖位置，可提高产量。

图9-27　尼龙纱网积胶

用竹丝副盖式集胶器或塑料副盖式集胶器取胶时，将其代替副盖使用即可，上盖覆布。在炎热天气，把覆布两头折叠5～10cm，以利通气和积累蜂胶，转地时取下覆布，落场时盖上，并经常从箱口、框耳等积胶多的地方刮取蜂胶粘在集胶栅上。不颠倒使用副盖集胶器。

（2）采收蜂胶　利用聚积蜂胶器械生产蜂胶，待蜂胶积累到一定数量时（一般历时30天）即可采收。从蜂箱中取出尼龙纱网或副盖式集胶器，放冰箱冷冻后，用木棒敲击或挤压或折叠揉搓，使蜂胶与器物脱离。取副盖式集胶器上的蜂胶，还可使用不锈钢或竹质取胶叉顺竹丝剔刮，取胶速度快，蜂胶自然分离。

三　蜂群管理

蜂群8脾以上足蜂，健康无病，食物充足。在河南省，7～9月为蜂胶主要生产期。

四　包装与贮藏

采收的蜂胶及时装入无毒塑料袋中，1kg为一个包装，于阴凉、干燥、避光和通风处密封保存，并及早交售。一个蜜源花期的蜂胶存放在一起，勿使其混杂。袋上应标明胶源植物、时间、地点和采集人。

● 【提示】 一般是当年的蜂胶质量较好，1年后蜂胶颜色加深、品质下降。

五 优质高产措施

在胶源植物优质丰富或蜜、胶源都丰富的地方放蜂，利用副盖式集胶器和尼龙纱网连续积累。在生产前要对工具清洗消毒，刮除箱内的蜂胶；生产期间，不得用水剂、粉剂和升华硫等药物对蜂群进行杀虫灭菌；缩短生产周期，生产出的蜂胶及时清除蜡瘤、木屑、棉纱纤维、死蜂肢体等杂质，不与金属接触。不同时间、不同方法生产的蜂胶分别包装存放，包装袋要无毒并扎紧密封，标明生产起始日期、地点、胶源植物、蜂种、重量和生产方法等，严禁对蜂胶加热过滤和掺杂造假。

第五节 蜂毒的采集

蜂毒是工蜂毒腺及其副腺分泌出的具有芳香气味的一种透明毒液，贮存在毒囊中，蜜蜂受到刺激时由螫针排出（图9-28）。

图9-28 工蜂受到刺激排出的毒液

一 蜂毒生产原理

将具有电栅的取毒器置于副盖位置，或通过巢门插入箱底，接通电源，蜜蜂受到电流刺激，向取毒板攻击，并招引其他伙伴向取毒板排毒。通电 10min 后，断开电源，待蜜蜂安静后，取回取毒器，刮下晶体蜂毒。

二 操作规程

（1）安置取毒器 取下巢门板，将取毒器从巢门口插入箱内 30mm 或安放在副盖（应先揭去副盖、覆布等物）的位置上（图 9-29）。

（2）刺激蜜蜂排毒 按下遥控器开关，接通电源对电网供电，调节电流大小，给蜜蜂适当的电击强度，并稍振动蜂箱。当蜜蜂停留在电网上受到电流刺激，其螫针便刺穿塑料布或尼龙纱布排毒于玻璃上，随着蜜蜂的叫声和螫针散发的气味，蜜蜂向电网聚集排毒。

图 9-29　巢门取毒

（3）停止取毒 每群蜂取毒10min，停止对电网供电，待电网上的蜜蜂离散后，把取毒器移至其他蜂群继续取毒，按下取毒复位开关，即可向电网重新供电，如此采集 10 群蜜蜂，关闭电源，抽出集毒板。

（4）刮集蜂毒 将抽出的集毒板置阴凉的地方风干，用牛角片或不锈钢刀片刮下玻璃板或薄膜上的蜂毒晶体，即得粗蜂毒。

三 蜂群管理

（1）基本要求 生产蜂毒，要求有较强的蜂群，青壮年蜂多，蜂巢内食物充足。

（2）取毒时间 电取蜂毒一般在蜜源大泌蜜结束时进行，选择温度15℃以上的无风或微风的晴天，傍晚或晚上取毒，每群蜜蜂取毒间隔时间15天左右。专门生产蜂毒的蜂场，可3~5天取毒1次。

（3）预防蜂蜇 选择人、畜来往少的蜂场取毒，操作人员应戴好蜂帽、穿好防蜇衣服，不抽烟，不使用喷烟器开箱；隔群分批取毒，一群蜂取完毒，让它安静10min再取走取毒器。蜂群取毒后应休息几日，使蜜蜂受电击造成的损伤恢复。

（4）预防中毒 蜂毒的气味，对人体呼吸道有强烈刺激性，蜂毒还能作用于皮肤，因此，刮毒人员应戴上口罩和乳胶手套，以防意外。

> ◆ **【小资料】** 在春季，每隔3天取毒1次，连续取毒10次，对蜂蜜和蜂王浆的生产影响都比较大。蜜蜂排毒后，抗逆力下降，寿命缩短。

四 包装与贮藏

取下蜂毒后，使用硅胶将其干燥至恒重，再放入棕色小玻璃瓶中密封保存，或置于无毒塑料袋中密封，外套牛皮纸袋，置于阴凉干燥处贮藏。

五 优质高产措施

（1）定期连续取毒 可提高产量。

（2）严防污染 取毒前，工具清洗干净，消毒彻底。工作人员注意个人卫生和劳动防护，生产场地洁净，空气清新；蜂群健康无病。选用不锈钢丝做电极的取毒器生产蜂毒，防止金属污染；傍晚或晚上取毒，不用喷烟的方法防蜂蜇，以防蜜水污染；刮下的蜂毒应干燥以防变质。

第九章 蜂产品生产技术

第六节　蜂蜡的榨取

蜂蜡是养蜂生产的副产品，由 8 ~ 18 日龄工蜂以蜂蜜为原料，经过腹部的 4 对蜡腺转化而来的，蜜蜂用它筑造蜂巢。每 2 万只蜜蜂一生中能分泌 1kg 蜂蜡，一个强群在夏秋两季可分泌蜂蜡5 ~ 7.5kg。

一　蜂蜡生产原理

把蜜蜂分泌蜡液筑造的巢脾，利用加热的方法使之熔化，再通过压榨、上浮或离心等程序，使蜡液和杂质分离，蜡液冷却凝固后，再重新熔化浇模成型，即成固体蜂蜡。

> ● 【小资料】　蜜蜂蜡腺分泌的蜡液是白色的，但由于花粉、育虫等原因，蜂蜡的颜色有乳白、鲜黄、黄、棕、褐几种颜色。

二　操作规程

(1) 分类　对所获原料进行分级，并捡拾机械杂质。赘脾、野生蜂巢、蜜房盖和加高的王台壁为一类原料，旧脾为二类原料，其他诸如蜡瘤和病脾等为三类原料。分类后，先提取一类蜡，按序提取，不得混杂。

(2) 清水浸泡　熔化前将蜂蜡原料用清水浸泡 2 天，提取时可除掉部分杂质，并使蜂蜡色泽鲜艳。

(3) 加热熔化　将蜂蜡原料置于熔蜡锅中（事前向锅中加适量的水），然后供热，使蜡熔化，熔化后保温 10min 左右。

(4) 榨蜡　杠杆热压法　将已熔化的原料蜡连同水一齐倒入特制的麻袋或尼龙纱袋中，扎紧袋口，放在榨蜡器中，以杠杆的作用加压，使蜡液从袋中通过缝隙流入盛蜡的容器内，稍凉，撇去浮沫。

(5) 降温凝固　待蜡液凝固后即成毛蜡，用刀切削，将上部色浅的蜂蜡和下面色暗的物质分开。

(6) 浇模成型　将已进行分离、色浅的蜂蜡重新加水熔化，再次过滤和撇开气泡，然后注入光滑而有倾斜度边的模具，待蜡块完全凝固后反扣，卸下蜡板。

三 蜂群管理

饲养强群，多造新脾，淘汰旧脾；大泌蜜期，加宽蜂路，让蜜蜂加高巢房，做到蜜、蜡兼收。

> ● 【常见误区】生产蜂蜡会影响蜂蜜生产是错误观点，在主要蜜源开花期，适当造脾可刺激工蜂采蜜。

四 包装与贮藏

把蜂蜡进行等级划分，以50kg或按合同规定的重量为1个包装单位，用麻袋包装。麻袋上应标明时间、等级、净重、产地等，贮存在干燥、卫生、通风好，无农药、化肥、鼠的仓库（室内）。

五 优质高产措施

平时搜集蜂巢中的赘脾和加高的王台房壁等，增加蜂蜡产量；对蜂蜡进行分类分别提取，严禁在榨蜡过程中添加硫酸等异物。

第七节 蜜蜂虫的生产

蜜蜂是完全变态昆虫，其个体发育经过卵、虫、蛹和成虫4个阶段。蜂虫泛指蜜蜂幼虫和蛹，即我国古代所谓的"蜜蜂子"，现代养蜂主要生产蜂王幼虫和雄蜂的虫、蛹。

一 蜂王幼虫的收集

蜂王幼虫是生产蜂王浆的副产品，其采收过程即是取浆工序中的捡虫环节，每生产1kg蜂王浆，可收获0.2～0.3kg蜂王幼虫（图9-30），每群意蜂每年生产蜂王幼虫可达到2kg。

图9-30 蜂王幼虫

二 雄蜂蛹和虫的生产

1. 生产原理

雄蜂幼虫是从蜂王产下无受精卵算起,生长发育到 10 天前后的虫体(图 9-31);雄蜂蛹是从蜂王产下无受精卵算起,生长发育在 20~22 天的虫体(图 9-32)。生产雄蜂蛹、虫的两个重要环节,一是取得日龄一致的雄蜂卵脾,二是把雄蜂卵培育成雄蜂蛹、虫。

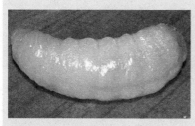　　　　

图 9-31　第 10 日龄的雄蜂幼虫　　　　图 9-32　第 21 天的雄蜂蛹

2. 操作规程

(1) 筑造雄蜂脾　用标准巢框横向拉线,再在上梁和下梁之间拉两道竖线,然后,将雄蜂巢础镶嵌进去,或用 3 个小巢框镶装好巢础,组合在标准巢框内,然后将其放入强群中修造,适当奖励饲喂,每个生产群配备 3 张雄蜂巢脾。

(2) 获得雄蜂卵　在双王群中,将蜂王产卵控制器安放在巢箱内一侧的幼虫和封盖子脾之间,内置雄蜂脾,次日下午将蜂王捉住放入控制器内,36h 后抽出雄蜂脾,调到继箱或哺育群中孵化、哺育。两王轮换产雄蜂卵。

(3) 培养雄蜂蛹、虫　在蜂王产卵 36h,将雄蜂脾抽出(若为雄蜂小脾,3 张组拼后镶装在标准巢框内),置于强群继箱中哺育,雄蜂脾两侧分别放工蜂幼虫脾和蜜粉脾。

抽出雄蜂卵脾后,在原位置再加 1 张空雄蜂脾,让蜂王继续产卵。以雄蜂幼虫取食 7 天为一个生产周期,1 个供卵群,可为 2~3 个生产群提供雄蜂虫脾。

(4) 采收雄蜂蛹、虫　从蜂王产卵算起,在第 10 天和在第 20~22 天采收雄蜂虫、蛹为适宜时间。

1）雄蜂蛹的采收。将
雄蜂蛹脾从哺育群内提出，
脱去蜜蜂（图9-33），或从
恒温恒湿箱中取出（雄蜂子
脾全部封盖后放在恒温恒湿
箱中化蛹的），把巢脾平放
在井字形架子上（有条件的
可先把雄蜂脾放在冰箱中冷

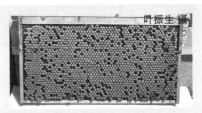

图9-33　雄蜂蛹脾

冻几分钟），用木棒敲击巢脾上梁和边条，使巢房内的蛹下沉，然后
用平整锋利的长刀把巢房盖削去（图9-34），再把巢脾翻转，使削去
房盖的一面朝下（下铺白布或竹筛作接蛹垫），再用木棒或刀把敲击
巢脾四周，使巢脾下面的雄蜂蛹震落到垫上，同时上面巢房内的蛹
下沉离开房盖，按上法把剩下的一面房盖削去，翻转、敲击，震落
蜂蛹（图9-35）。敲不出的蛹或幼虫用镊子取出。

图9-34　割除封盖

图9-35　雄蜂蛹

2）雄蜂幼虫的采收。将雄蜂虫脾从哺育群中抽出，抖落蜜蜂，
摇出蜂蜜，削去1/3巢房壁后，放进室内，让雄蜂幼虫向外爬出，
落在设置的托盘中。

（5）雄蜂脾的处置　取蛹后的巢脾用磷化铝熏蒸后重新插入供
卵群，让蜂王产卵，继续生产。生产期结束后，对雄蜂巢脾消毒和
杀虫后，妥善保存。

【小资料】 每群意蜂每次每脾可获取雄蜂蛹0.6kg，全年可生产6kg左右。

3. 蜂群管理

在非泌蜜期，对哺育群和供卵群均须进行奖励饲喂。在低温季节，加强保温，高温时期做好遮阳、通风和喂水工作。哺育群要求健康无病，蜂螨寄生率低，群势在12框蜂以上，巢内饲料充足。

4. 包装与贮藏

雄蜂蛹、虫易受内、外环境的影响而变质。新鲜雄蜂蛹中的酪氨酸酶易被氧化，在短时间内可使蛹体变黑，新鲜雄蜂虫和蜂王幼虫胴体逐渐变红至暗，失去商品价值。因此，蜜蜂虫、蛹生产出来后，立即捡去割坏或不合要求的虫体，并用清水漂洗干净后妥善贮存（蜂王幼虫不得冲洗）。

（1）雄蜂蛹的贮藏

1）冷冻法。用80%的食用酒精对雄蜂蛹喷洒消毒，然后用不透气的聚乙烯透明塑料袋分装，每袋0.5kg或1kg，排除袋内空气，密封，并立即放入−18℃的冷柜中冷冻保存（图9-36）。

图9-36 雄蜂蛹的包装和保存

2）淡干法。把经过漂洗的雄蜂蛹倒入蒸笼内衬纱布上，用旺火蒸10min，使蛋白质凝固，然后烘干或晒干，也可以把蒸好的蛹体表水甩掉，然后装入聚乙烯透明塑料袋中冷冻保存。

3）盐渍法。取蛹前，把含盐10%~15%的盐水煮沸备用。取出的雄蜂蛹经漂洗后倒入锅内，大火烧沸，煮15min左右，捞出甩掉盐水，摊平晾干。煮后的盐水如重复利用，每次按加水的重量按比例添加食盐。晾干后的盐渍雄蜂蛹用聚乙烯透明塑料袋包装（1kg/

袋）后在 -18℃ 以下冷冻保存。或者装入纱布袋内挂在通风阴凉处待售。

> **●【小资料】** 用盐处理的雄蜂蛹，乳白色，蛹体较硬，盐分难以除去。

（2）蜜蜂虫的贮藏

1）低温保存。蜂王和雄蜂幼虫用透明聚乙烯袋包装后，及时存放在 -15℃ 的冷库或冰柜中保存。

2）白酒浸泡。用 60° 白酒或 75% 的食用酒精浸泡，液面浸过幼虫，装满后密封保存，及时出售。

3）冷冻干燥。利用匀浆机把幼虫或蛹粉碎匀浆后过滤，经冷冻干燥后磨成细粉，密封在聚乙烯塑料袋中保存，备用。

5. 优质高产措施

（1）提高产量的措施 利用双王群进行雄蜂虫、蛹的生产，保证食物充足，连续生产。生产雄蜂蛹，从卵算起，20～22 天为一个生产周期，强群 7～8 天可哺养 1 脾，雄蜂房封盖后调到副群或集中到恒温恒湿箱中化蛹，恒温恒湿箱的温度控制在 34～35℃，相对湿度控制在 75%～90%。

（2）提高质量的方法 所有生产虫、蛹的工具和容器要清洗消毒，防止污染；保证虫、蛹日龄一致，去除被破坏的和不符合要求的虫、蛹；生产场所要干净，有专门的符合规定的采收车间；工作人员要保持卫生，着工作服、帽和戴口罩；不用有病群生产；生产的虫、蛹要及时进行保鲜处理和冷冻保存。

第九章 蜂产品生产技术

第十章
蜂产品的质量管理与销售

第一节　蜂产品基本知识

一　蜂产品的基本概念

蜂产品是来自于蜜蜂的自然产品，包括蜂蜜、蜂王浆、蜂花粉、蜂胶和蜂蜡（彩图11）、蜂子、蜂毒（彩图12）等，生产经营中经常遇到的是前4种产品，后3种产品有待开发利用。

（1）蜂蜜　蜜蜂采集植物的花蜜、分泌物或蜜露，与自身分泌物结合后，经充分酿造而成的天然甜物质。

> ➡ **【提示】**从蜂蜜中取出或向其添加任何物质的都不叫蜂蜜，包括人工喂蜂所得的糖浆、人工将水分抽出的浓缩蜜。

蜂蜜的主要成分是果糖和葡萄糖、水分，蔗糖含量一般小于5%。

根据花蜜的来源，蜂蜜可分为单花种蜂蜜、杂花蜜和甘露（蜂）蜜。一般情况下单花种蜂蜜比杂花蜜价格高，具有自身独特的风味和色、形（图10-1），而杂花蜜香气复杂，没有固定的颜色，

图10-1　油菜蜂蜜易结晶，结晶乳白色、细腻，甜润，有青菜气息

随着贮藏时间的延长都会结晶。根据生产和食用方式，蜂蜜又可分为分离蜜和巢蜜两种。如果蜂蜜是在一个固定地区生产，且有独特的质量特征，则可以用与该地区有关的地理学或地志学区域命名，如菖河硬蜜（野坝子蜂蜜）等。

（2）蜂王浆（彩图13）　又称蜂皇浆，由工蜂咽下腺和上颚腺分泌、用于饲喂蜂王和蜂幼虫的乳白色、淡黄色或浅橙色浆状物质。

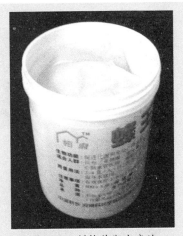

图10-2　刺槐花期生产的蜂王浆，冻结后微显黄色

蜂王浆的主要成分是蛋白质、脂类、糖类和水等，特色成分是10-羟基-2-癸烯酸，在不同植物类型、不同季节和不同蜂种生产的蜂王浆中，其含量变化范围在1.4%～2.8%。另外还含有微量的激素和2.84%～3.0%的未明物质。

蜂王浆主要以生产时开花的主要蜜源植物为依据命名，例如在油菜花期生产的蜂王浆叫油菜浆，在刺槐花期采集到的蜂王浆称为刺槐浆（图10-2）。

（3）蜂花粉　蜜蜂采集被子植物雄蕊花药或裸子植物小孢子囊内的花粉细胞，形成的团粒状物（图10-3）。

蜂花粉中所含营养成分大致为：蛋白质20%～30%、糖类40%～45%、脂肪5%～10%、矿物质2%～3%、木质素10%～15%、植物激素和未明物质10%～15%。

蜂花粉的命名与蜂蜜相似，如油菜花粉、芝麻花粉等，荷花、茶叶花、野皂荚（彩图14）、杏花和五味子等品种的花粉比较香甜。

（4）蜂胶（彩图15）　指工蜂（西方蜂种）从植物幼芽上采集的树脂与其上颚腺的分泌物等所形成的具有黏性和芳香气味的胶状固体物质。

图10-3　五颜六色、扁球形的蜜蜂花粉

　　蜂胶一般含有55%的树脂、约30%的蜂蜡、10%的芳香挥发油和5%的花粉等杂物，其化学成分有黄酮类化合物、酸、醇、醛、酯、酚、醚、萜、烯、甾类化合物和多种氨基酸、脂肪酸、酶类、维生素、多种微量元素等。我国的蜂胶主要是杨树型蜂胶，优质的蜂胶，其特色成分黄酮类化合物含量不低于12%。

　　蜂胶多以某个季节主要胶源植物的名字分为几个类型，如桦树型、杨树型、桦树杨树混合型等多种，因胶源植物分布地区的不同，有时也以地区名来分。

二 蜂产品的理化性质

蜂产品在常温状态下都有自己的色、香、味、形状和化学性质。表 10-1 列出了常见蜂产品的主要理化性质。

表 10-1　蜂蜜、蜂王浆、蜂花粉和蜂胶的主要理化性质

名称	颜色	光泽	香气	味道	形态	水溶解性	常用溶剂	变质	
								现象	原因
蜂蜜	水白色、琥珀色或深色	油亮	有蜜源植物花的气味	甘甜~甜腻	液态或结晶体	完全溶于水		发酵起泡，酸味	不成熟，浓度低
蜂王浆	乳白色、淡黄色或浅橙色	有光泽	类似花蜜或花粉的香味和辛香味	酸、辣、涩、甜	黏浆状，具有流动性	部分溶于水，形成悬浊液		色暗、起泡、发臭、酸败气味	温度高
蜂花粉	五颜六色	新鲜	辛香气	甜，稍有苦涩	不规则的扁球形	部分溶于水，有沉淀		褪色、酸、苦、虫蛀和霉变	温度高，时间长
蜂胶	棕黄色、棕红色、棕褐色	有光泽	有明显的芳香气味，燃烧时有树脂乳香气	味苦带辛辣味	不透明固体，团块状或碎片	难溶于水	75%~95%乙醇		

三 蜂产品的主要用途

蜂蜜、蜂王浆、蜂花粉和蜂胶是蜜蜂的杰作，这些蜂产品大都可以被人类直接利用，具有补充营养、提高免疫和调节机体的作用，以及抗辐射、抗炎症、抗肿瘤、抗疲劳和抗衰老的五抗效应。表 10-2 列出了常见蜂产品的主要生物学作用和在人们日常生活中的应用。

第十章　蜂产品的质量管理与销售

表 10-2　蜂蜜、蜂王浆、蜂花粉和蜂胶的生物学作用与应用

名称	生物学作用	主要用途	常用方法	用量
蜂蜜	提供能量、抗菌、抗溃疡、解毒保肝、润肠润肺、润燥通便	美食、养生、美容、肝炎、咳嗽、便秘、结核、小儿贫血、胃和十二指肠溃疡、外伤	加水饮用	每天 25~75g
蜂王浆	促进代谢、促进生长、延缓衰老、消炎抗菌、抗癌作用、抗辐射、提高免疫、增强活力	保健养生、营养不良、神经衰弱、皮肤疾病、肝脏疾病、癌病康复、糖尿病	直接口服，或加工成王浆蜜服用	每天 2~4g，病人每天 25g
蜂花粉	延缓衰老、营养大脑、提高免疫、抗高血脂、抗辐射、保肝护肠、增强活力、抑制前列腺炎、调节内分泌腺	美容养颜、养生、保健，防治前列腺病、男性不育、贫血、便秘、高脂血症、肝脏疾病	直接口服或嚼食，亦可加工成花粉蜜口服	每天 10~25g
蜂胶	抗菌、抗高血脂、抗氧化、提高免疫、	糖尿病并发症、免疫力低下症、皮肤疾病、高血脂病	将蜂胶 1~2g 置于口中，用舌头涂抹在上颚	每天 1~2g，病人每天 5g 左右

第二节　蜂产品质量管理

蜂产品的质量管理贯穿于养蜂环境和蜂产品生产及包装整个环节，生产操作除按照以上章节要求外，还应注意以下质量控制节点。

━ 非技术质量要求

（1）蜂农素质　作为养蜂生产者，须身体健康，每年至少在具备相应资质的医疗机构进行一次健康检查，患病期间停止工作，传染病患者不能从事养蜂生产活动。

养蜂员应具有养蜂生产、安全用药、蜂箱及蜂具消毒与蜂病防治等基本知识，掌握产品生产规范化操作基本技能，熟练填写养蜂日志等各种记录表格，了解蜂产品的质量要求和食品安全生产的法规要求。积极参加合作社、养蜂科研单位的技术培训和主管部门的政策法规培训，注意个人卫生，生产合格产品。

（2）养蜂环境 养蜂场周围蜜源丰富，无有害蜜源（彩图10）。空气质量应符合《环境空气质量标准》（GB 3095—1996）中环境空气质量功能区二类区要求。地势高燥、背风向阳、排水良好和小气候适宜，有良好的水源，养蜂场周围3km内无以蜜、糖为生产原料的食品厂、化工厂、农药厂及经常喷洒农药的果园。对放蜂场地经常打扫卫生、洒水，保持清洁，并定期对蜂场进行消毒。

（3）产品记录 蜂农应建立养蜂（产品质量）日志，内容包括养蜂生产、蜜蜂流向、蜜蜂病敌害防治和用药记录等（表10-3），有些还要记录一些诸如天气、蜜源、管理措施和饲料等。

表10-3 养蜂日志

____年____月____日 养蜂日志 蜂农编号（或姓名）：

天气		放蜂地点		蜜源
蜂群		王种		
养蜂生产情况（清洁消毒、病敌害等）：				
用（休）药情况	药名		当日用量	累计用量
	药名		当日用量	累计用量
	药名		当日用量	累计用量
蜂病诊断				
治疗效果				
交付产品名称	数（重）量		地点	接收人

养蜂日志，是建立可追溯源系统的基本依据，确保消费产品可追溯到生产源头，从餐桌到生产，是蜂产品质量管理的重要工作。生产、交付和销售的全过程都要做好记录，如蜂农编号（或姓名）、品种、采收日期、产地、蜜源、净含量、总重、贮存、加工和包装等，并保存这些记录。

（4）**质量监督**　根据蜂产品质量标准、蜜蜂产品生产管理规范和国家地理标志产品标准，对上市蜂产品进行检验和评定，主管机关（例如国家质量监督检验检疫总局）对蜂产品的理化、卫生指标进行检验，由学者、养蜂专家和行业组织公开评审蜂产品的色泽、香气及风味，最后给经过评审认定的产品发放优、良、中和差4个档次授牌。不符合地理标志产品标准的不得使用国家授予的该地区的产品标志，认定的档次可用于该产品销售的宣传。

> ● 【提示】　地理标志产品，是指产自特定地域，所具有的质量、声誉或其他特性本质上取决于该产地的自然因素和人文因素，经审核批准以地理名称进行命名的产品。

二　技术性质量管理

（1）**生产工具**　所使用的设备及器具无毒无害，且已消毒。与蜂蜜、蜂王浆、蜂胶等接触的器具表面，应当是不锈钢、玻璃等耐腐蚀的材料，平时保持清洁，用时清洗消毒，生产用的小蜂具和养蜂工作服等根据需要随时清洁卫生。蜂箱用红松、杉木和桐木等制作，定期清理箱内杂物，每年消毒一次。及时对旧巢脾化蜡，对优质巢脾用磷化铝熏蒸后密闭保存。

（2）**蜂病控制**　蜜蜂的病虫敌害，以健康管理、综合防治为主。饲养强群，在秋末和早春防治蜂螨，在蜜源间歇期防治小蜂螨。其他时间，一旦发现患病蜂群，首先进行隔离，控制疾病传播；其次准确诊断，确定传染途径以及发病程度和危害情况。

蜂群发病时，应由技术人员出诊检查后开具处方发放蜂药，蜂农接受指导正确使用。蜂药的购置应由合作社出具购药证明，并指定专人至兽药店或蜂药生产企业统一购置，指定专人保管蜂药，建立蜂药购买和发放台账，实行蜂药验收核销制度。

（3）**养蜂（生产）过程**　蜜蜂饲养管理应按《无公害食品　蜜蜂饲养管理准则》（NY/T 5139—2002）的规定执行。首要的是保持蜂多于脾和饲料优质充足，饲养强群；其次是管理操作规范、卫生，生产量力而行，合理使用防治蜜蜂病虫害药剂。用于生产蜂蜜的蜂群无病，严格执行休药期；采集的蜜源未施药或已过安全隔离期；

操作人员卫生，着工作服。生产操作应在生产车间或室内进行，备有冰箱、空调等设备。

定期更换老旧巢脾，生产成熟蜂蜜，及时过滤。

选用合适的蜂种、饲喂营养高的花粉、控制王台数量，移取的幼虫适龄，按时取浆，可以提高蜂王浆中的癸烯酸含量，改善蜂王浆的品质。

在生产蜂花粉之前消毒生产工具和冲洗蜂箱，在生产过程中，保持清洁卫生。采收蜂花粉时，适时集中，及时晾晒，并加盖纱布，防止飞虫。

在生产蜂胶前，清除蜂箱中的蜂胶，利用副盖式积胶器或尼龙纱网取胶，在对蜂群施药前取出蜂胶，并及时捡拾杂质。

对有病蜂群和没有按规定使用蜂药、饲料的蜂群，其产品另外处置。

（4）加工过程　蜂产品中大多含有活性物质，蜂蜜在消除结晶时加工温度过高和时间过长，都会使其颜色变深、味道变怪、香气变淡、活性物质丧失，从而影响品质。蜂王浆蜜的加工，必须经过充分搅拌。蜂花粉的含水量控制在8%～12%，过湿和过干，对其品质都不利。蜂胶利用75%～95%的食用酒精4次提纯，其他浓度或其他溶剂提取率较低或不适宜用于蜂胶的提纯，但不同的提取方法和用的溶剂不同，其产品有差异（图10-4、图10-5）。

图10-4　二氧化碳萃取的蜂胶　　图10-5　乙醇提取的蜂胶膏

（5）**包装过程**　蜂蜜包装钢桶应符合《蜂蜜包装钢桶》（GH/T 1015—1999）的要求，其他包装的容器及包装过程所接触的器具，都应符合安全卫生、无毒和不被腐蚀的要求，产品包装后应立即密封。

（6）**贮存过程**　蜂蜜贮存场所应保持干燥、通风、阴凉和无阳光直射，不应与有异味、有毒、有腐蚀性、放射性、挥发性和可能产生污染的物品同库存放，按照规定控制温度、湿度。如大量蜂蜜在地下室常温下贮藏为宜，家庭贮存可置于常温下，放冰箱中更好。蜂王浆在 -18℃的冷库中贮藏，蜂花粉在 -5℃以下环境中能保持其色、香、味不变，蜂胶可置于通风阴凉处密封保存。蜂产品的贮藏是其价值的延续过程，应及早使用。

第三节　蜂产品销售知识

蜂产品销售是蜂农个人及群体经由生产、提供与交换彼此产品，以获得其需求及欲望的一种过程。实现蜂产品的销售，需要一定的专业技能与知识，礼貌友善，容易沟通，树立视顾客为上帝、顾客是我们的衣食父母的观念，用心为顾客服务，赢得顾客对服务和产品质量的信赖。

一　定价与利润

1. 价格

价格是大众消费者选择产品的主要因素，品质是高端消费最为看重的。价值和所付出的劳动是蜂产品定价的基础，而影响因素主要有产量的丰歉、品质和质量优劣、同行的竞争和地域差别等。

> 【提示】　合理的定价非常重要，每一个价格都会影响到利润、销售和市场占有率。

（1）**收购价格**　是蜂产品从生产领域进入流通领域的最初价格，是制定蜂蜜调拨价格、销售价格的基础，蜂产品的收购价格是在正常年景、合理经营的生产成本上，加上生产者应得的收益，并参考与其相关的商品（糖）的比价以及当前市场的供求状况为基础制定的。

（2）零售定价　消费者对所购买商品付出的价格。

1）同类同价。同一类产品同价，比如刺槐蜂蜜、枣花蜂蜜和荆条蜂蜜同价销售，让消费者根据自己的喜好选择自己满意的品种。

2）差异定价。同一类产品按品种、品质等定不同的价格，让消费者根据自己的喜好和经济实力选购适合自己的产品，如刺槐蜂蜜（彩图16）、油菜蜂蜜的同量异价销售。

3）撇脂定价。将最优质量的产品定高价，满足高端消费，并通过优质服务赚取较高的利润。

在蜂产品的销售中，还经常遇到涨价、降价、变相涨价和降价的情况，例如促销和折扣等。低价销售总有较多的顾客。

2. 利润

蜂产业由多个环节组成链条，每一个环节都要有合理的利润，只有这样，养蜂业才能顺利发展。其基本利润构成：蜂产品总值 = 生产商品的物质消耗 + 蜂农利润 + 经纪人或合作社利润 + 公司加工利润 + 出口商利润 + 零售商销售利润 + 利息和税款 = 消费者支付的金钱。

二　渠道与方法

不同的销售渠道，其销售方法不同。

1. 养蜂场销售

（1）交售　养蜂场生产的产品，主要出售给蜂产品经纪人和养蜂合作社，以收购价出售，简单快捷。也有直接出售给蜂业公司和蜂产品专卖店的，这需要有固定的客商。

（2）直销　将产品直接卖给顾客的也很常见，需要将产品进行适合零售的个包装，因此，需要具备容器、包装设备，还须符合卫生规定。

焦作市郊一家蜂场，常年定地养蜂80群，荆条花期生产蜂蜜2t，全部零售，每年收入8万余元（图10-6）。

图 10-6 蜂场直销

2. 商业渠道

（1）商业网点 养蜂场或养蜂专业合作社向行业协会申请产品标志，将产品包装后，可送往购物中心、量贩店、专卖店、百货公司、超级市场（连锁超市）、便利店、杂货店、集贸市场进行销售。

（2）无店销售 还可以无店铺贩卖，如网络或电视购物等。

（3）农产品博览会销售 在秋冬农闲季节，积极参加各地举办的农产品博览会，向顾客推销自己的产品（图 10-7）。

（4）旅游销售 将蜂群置于蜜源丰富和交通便利的地方，路过的行人或旅游团体即会找上门来购买产品。通过一定的方法，

图 10-7 2008（杭州）
亚洲蜂产品博览会

组织社区的退休及闲暇人员，到蜂场参观，体验养蜂生活，亦可增加销量。

（5）养蜂生态园的销售 如果蜂场发展到一定规模，就可参与蜂产品市场，建立养蜂生态园，将蜂场融入自然生态环境，通过养

蜂实践和操作、穿蜂衣表演和合影、影像资料、专家讲座，以及蜜蜂文化、实物展示和开发新产品，给消费者以安全、可靠的感觉，从而赢得信赖，达到销售产品和服务顾客的目的。

（6）蜂产品会员制销售 蜂产品是养生保健食品，顾客有长期食用的习惯，对有潜力的顾客，可采取会员制的方法，使之成为稳定、忠实的顾客。要求为会员及时提供优质的新上市产品，并给予一定的优惠待遇，定期对会员进行回访，赠送蜂产品使用技术资料，介绍蜂产品使人长寿健康的道理。

（7）会议营销 组织消费者在某一时间在某个地方集中，请专家讲授有关蜂产品知识，并销售产品。既卖产品，又卖技术。

三 媒体与宣传

（1）广告的类型与作用 广告是一门带有浓郁商业性质的综合艺术，以广大消费者为广告对象，通过报纸、杂志、电视、广播、因特网、壁画、橱窗、商业信函、霓虹灯、车船等，将信息传达给大众，以此来提高产品的知名度、增加销售的目的。广告必须真实并且具有良好的社会形象，还要有针对性和艺术性。

（2）研究产品消费对象 分析消费者的习惯，生产适销对路的产品，如日本人喜欢色浅味淡的刺槐蜂蜜，中国台湾省人偏爱龙眼蜂蜜，中国北方群众对枣花蜂蜜情有独钟。

消费者需要健康，蜂蜜、蜂王浆、蜂花粉和蜂胶都是保健食品，提高免疫力、增强体质的效果显著，蜂王浆促进人体的生长，对延缓衰老具有极大价值，是长寿食品的代表。

> **【提示】** 蜂产品能提高人体免疫力，但不是万能药。

第十章 蜂产品的质量管理与销售

附 录

附录 A　养蜂管理办法（试行）

中华人民共和国农业部公告第 1692 号
二〇一一年十二月十三日

第一章　总则

第一条　为规范和支持养蜂行为，维护养蜂者合法权益，促进养蜂业持续健康发展，根据《中华人民共和国畜牧法》、《中华人民共和国动物防疫法》等法律法规，制定本办法。

第二条　在中华人民共和国境内从事养蜂活动，应当遵守本办法。

第三条　农业部负责全国养蜂管理工作。

县级以上地方人民政府养蜂主管部门负责本行政区域的养蜂管理工作。

第四条　各级养蜂主管部门应当采取措施，支持发展养蜂，推动养蜂业的规模化、机械化、标准化、集约化，推广普及蜜蜂授粉技术，发挥养蜂业在促进农业增产提质、保护生态和增加农民收入中的作用。

第五条　养蜂者可以依法自愿成立行业协会和专业合作经济组织，为成员提供信息、技术、营销、培训等服务，维护成员合法权益。

各级养蜂主管部门应当加强对养蜂业行业组织和专业合作经济组织的扶持、指导和服务，提高养蜂业组织化、产业化程度。

第二章　生产管理

第六条　各级农业主管部门应当广泛宣传蜜蜂为农作物授粉的增产提质作用，积极推广蜜蜂授粉技术。

县级以上地方人民政府农业主管部门应当做好辖区内蜜粉源植物调查工作，制定蜜粉源植物的保护和利用措施。

第七条　种蜂生产经营单位和个人，应当依法取得《种畜禽生产经营许可证》。出售的种蜂应当附具检疫合格证明和种蜂合格证。

第八条　养蜂者可以自愿向县级人民政府养蜂主管部门登记备案，免费领取《养蜂证》，凭《养蜂证》享受技术培训等服务。

《养蜂证》有效期三年，格式由农业部统一制定。

第九条　养蜂者应当按照国家相关技术规范和标准进行生产。

各级养蜂主管部门应当做好养蜂技术培训和生产指导工作。

第十条　养蜂者应当遵守《中华人民共和国农产品质量安全法》等有关法律法规，对所生产的蜂产品质量安全负责。

养蜂者应当按照国家相关规定正确使用生产投入品，不得在蜂产品中添加任何物质。

第十一条　登记备案的养蜂者应当建立养殖档案及养蜂日志，载明以下内容：

（一）蜂群的品种、数量、来源；

（二）检疫、消毒情况；

（三）饲料、兽药等投入品来源、名称，使用对象、时间和剂量；

（四）蜂群发病、死亡、无害化处理情况；

（五）蜂产品生产销售情况。

第十二条　养蜂者到达蜜粉源植物种植区放蜂时，应当告知周边3000米以内的村级组织或管理单位。接到放蜂通知的组织和单位

附录　养蜂管理办法（试行）

255

应当以适当方式及时公告。在放蜂区种植蜜粉源植物的单位和个人，应当避免在盛花期施用农药。确需施用农药的，应当选用对蜜蜂低毒的农药品种。

种植蜜粉源植物的单位和个人应当在施用农药 3 日前告知所在地及邻近 3000 米以内的养蜂者，使用航空器喷施农药的单位和个人应当在作业 5 日前告知作业区及周边 5000 米以内的养蜂者，防止对蜜蜂造成危害。

养蜂者接到农药施用作业通知后应当相互告知，及时采取安全防范措施。

第十三条　各级养蜂主管部门应当鼓励、支持养蜂者与蜂产品收购单位、个人建立长期稳定的购销关系，实行蜂产品优质优价、公平交易，维护养蜂者的合法权益。

第三章　转地放蜂

第十四条　主要蜜粉源地县级人民政府养蜂主管部门应当会同蜂业行业协会，每年发布蜜粉源分布、放蜂场地、载蜂量等动态信息，公布联系电话，协助转地放蜂者安排放蜂场地。

第十五条　养蜂者应当持《养蜂证》到蜜粉源地的养蜂主管部门或蜂业行业协会联系落实放蜂场地。

转地放蜂的蜂场原则上应当间距 1000 米以上，并与居民区、道路等保持适当距离。

转地放蜂者应当服从场地安排，不得强行争占场地，并遵守当地习俗。

第十六条　转地放蜂者不得进入省级以上人民政府养蜂主管部门依法确立的蜜蜂遗传资源保护区、保种场及种蜂场的种蜂隔离交尾场等区域放蜂。

第十七条　养蜂主管部门应当协助有关部门和司法机关，及时处理偷蜂、毒害蜂群等破坏养蜂案件、涉蜂运输事故以及有关纠纷，必要时可以应当事人请求或司法机关要求，组织进行蜜蜂损失技术鉴定，出具技术鉴定书。

第十八条　除国家明文规定的收费项目外，养蜂者有权拒绝任何形式的乱收费、乱罚款和乱摊派等行为，并向有关部门举报。

第四章　蜂群疫病防控

第十九条　蜂群自原驻地和最远蜜粉源地起运前，养蜂者应当提前 3 天向当地动物卫生监督机构申报检疫。经检疫合格的，方可起运。

第二十条　养蜂者发现蜂群患有列入检疫对象的蜂病时，应当依法向所在地兽医主管部门、动物卫生监督机构或者动物疫病预防控制机构报告，并就地隔离防治，避免疫情扩散。

未经治愈的蜂群，禁止转地、出售和生产蜂产品。

第二十一条　养蜂者应当按照国家相关规定，正确使用兽药，严格控制使用剂量，执行休药期制度。

第二十二条　巢础等养蜂机具设备的生产经营和使用，应当符合国家标准及有关规定。

禁止使用对蜂群有害和污染蜂产品的材料制作养蜂器具，或在制作过程中添加任何药物。

第五章　附则

第二十三条　本办法所称蜂产品，是指蜂群生产的未经加工的蜂蜜、蜂王浆、蜂胶、蜂花粉、蜂毒、蜂蜡、蜂幼虫、蜂蛹等。

第二十四条　违反本办法规定的，依照有关法律、行政法规的规定进行处罚。

第二十五条　本办法自 2012 年 2 月 1 日起施行。

附录

养蜂管理办法（试行）

附录 B　常见计量单位名称与符号对照表

量 的 名 称	单 位 名 称	单 位 符 号
长度	千米	km
	米	m
	厘米	cm
	毫米	mm

（续）

量的名称	单位名称	单位符号
面积	平方千米（平方公里）	km²
	平方米	m²
体积	立方米	m³
	升	L
	毫升	ml
质量	吨	t
	千克（公斤）	kg
	克	g
	毫克	mg
物质的量	摩尔	mol
时间	小时	h
	分	min
	秒	s
温度	摄氏度	℃
平面角	度	(°)
能量，热量	兆焦	MJ
	千焦	kJ
	焦［耳］	J
功率	瓦［特］	W
	千瓦［特］	kW
电压	伏［特］	V
压力，压强	帕［斯卡］	Pa
电流	安［培］	A

参考文献

［1］邵有全，祁海萍．果蔬昆虫授粉增产技术［M］．北京：金盾出版社，2010．

［2］吴杰，邵有全．奇妙高效的农作物增产技术——蜜蜂授粉［M］．北京：中国农业出版社，2011．

［3］安建东，陈文锋．全球农作物蜜蜂授粉概况［J］．中国农学通报，2011，27（01）：374-382．

［4］刘朋飞，吴杰，李海燕，等．中国农业蜜蜂授粉的经济价值评估［J］．中国农业科学，2011，44（24）：5117-5123．

［5］张中印，吴黎明．轻轻松松学养蜂［M］．北京：中国农业出版社，2010．

［6］张中印，陈崇羔．中国实用养蜂学［M］．郑州：河南科学技术出版社，2008．

［7］张中印，周冰峰，王运兵，等．蜂花粉优质高产技术研究与应用［J］．蜜蜂杂志，2003（6）：9-11．

［8］张中印，王运兵，吕华伟，等．蜂胶的优质高产技术与安全应用研究［J］．蜜蜂杂志，2003（1）8-9．

［9］张中印．雄蜂蛹、虫优质高产技术与开发利用［J］．中国供销商情，2005（45）：37-41．

［10］张中印，吴利民，吴存坡．大小蜂螨的综合防治技术［J］．中国养蜂，2003（4）：20-22．

［11］张中印．蜡螟的综合防治技术［J］．中国养蜂，2004（4）：21-22．

［12］张中印，徐艳聆，朱保均，等．河南省养蜂生产受干旱的影响与对策［J］．蜜蜂杂志，2009（5）：24．

［13］张中印，李金福，王慧高．蜂群春季繁殖遇长期恶劣天气时的处置措施［J］．蜜蜂杂志，2008（3）：17．

书　目

书　名	定　价	书　名	定　价
高效养土鸡	26.8	羊病诊治你问我答	19.8
果园林地生态养鸡	26.8	羊病诊治原色图谱	35
高效养蛋鸡	19.9	羊病临床诊治彩色图谱	59.8
高效养优质肉鸡	19.9	牛羊常见病诊治实用技术	29.8
果园林地生态养鸡与鸡病防治	20	高效养肉牛	29.8
家庭科学养鸡与鸡病防治	29.8	高效养奶牛	22.8
优质鸡健康养殖技术	29.8	种草养牛	29.8
果园林地散养土鸡你问我答	19.8	高效养淡水鱼	25
鸡病诊治你问我答	22.8	高效池塘养鱼	25
鸡病快速诊断与防治技术	25	鱼病快速诊断与防治技术	19.8
鸡病鉴别诊断图谱与安全用药	39.8	高效养小龙虾	19.8
鸡病临床诊断指南	39.8	高效养小龙虾你问我答	20
肉鸡疾病诊治彩色图谱	49.8	高效养泥鳅	16.8
图说鸡病诊治	35	高效养黄鳝	16.8
高效养鹅	25	黄鳝高效养殖技术精解与实例	19.8
鸭鹅病快速诊断与防治技术	25	泥鳅高效养殖技术精解与实例	16.8
畜禽养殖污染防治新技术	25	高效养蟹	22.8
图说高效养猪	39.8	高效养水蛭	22.8
高效养高产母猪	29.8	高效养肉狗	26.8
高效养猪与猪病防治	25	高效养黄粉虫	25
快速养猪	26.8	高效养蛇	29.8
猪病快速诊断与防治技术	25	高效养蜈蚣	16.8
猪病临床诊治彩色图谱	59.8	高效养龟鳖	19.8
猪病诊治160问	25	蝇蛆高效养殖技术精解与实例	15
猪病诊治一本通	25	高效养蝇蛆你问我答	12.8
猪场消毒防疫实用技术	19.8	高效养獭兔	25
生物发酵床养猪你问我答	25	高效养兔	25
高效养猪你问我答	19.9	兔病诊治原色图谱	39.8
猪病鉴别诊断图谱与安全用药	39.8	高效养肉鸽	25
猪病诊治你问我答	25	高效养蝎子	19.8
高效养羊	29.8	高效养貂	26.8
高效养肉羊	26.8	图说毛皮动物疾病诊治	29.8
肉羊快速育肥与疾病防治	25	高效养蜂	25
高效养肉用山羊	25	高效养中蜂	25
种草养羊	29.8	高效养蜂你问我答	19.9
山羊高效养殖与疾病防治	29.9	高效养山鸡	26.8
绒山羊高效养殖与疾病防治	25		

详情请扫码